涙がとまらない
猫たちの恩返し

ゆりあ
優李阿　著

KKロングセラーズ

まえがき

猫をはじめとするペットの〝恩返し〟というものが、本当にあるということを信じられますか？

子供の頃から動物が大好きで、ずっと猫や犬を可愛がっていました。私自身、昔から、第六感がとても冴えており、普通の人には見えない物が見え、聞こえない物が聞こえるという、特殊な能力があり、動物たちと想念伝達で会話していました。

特に、猫は小さい頃から大好きでご縁が深く、幼少期から身体が弱かった自分の身代わりとなって亡くなってしまった猫たちの、切ないエピソードがたくさんあります。

動物たちの飼い主への忠義を誓ったその行動は、常識では考えられないような力強いものがあります。

社会の中で最も弱い立場である動物たちが、自分の命を投げ出してまで体当たりで飼い主を助けにやってくる。そんな自分の命をも顧みない動物たちの、真っ直ぐな姿勢は、どんな人の心も奮い立たせて揺さぶるものがあります。

悲しい亡くなり方をしたとしても、愛情をもって可愛がったとすれば、必ずペットたちはその気持ちに応えてくれているものなのです。

亡くなって目には見えなくても、時空は関係なく、愛は永遠であり、心の絆は決して消えることはありません。

実体験をまとめた『本当にある猫たちの恩返し』が二〇一〇年夏に出版されて、かなりの反響がありました。実際にペットの恩返しがあるということを、多くの方々に理解していただいたと思います。

本を読まれた方からも、実際に体験された恩返しの不思議な話をたくさんお聞きする機会がたくさんありました。今回新しい本として出版するにあたって、素晴らしい感動のお話、そして選りすぐりの体験談をたくさん書かせていただきました。

私自身も状況が変わって、二〇一一年夏に出版された『ツキが降りてくる魔法』（ＫＫロングセラーズ刊）に書きましたが、前回の本の出版後すぐ、二〇一〇年の秋に脳梗塞で突然に倒れてしまうという想像もしなかった出来事が降りかかってきました。

　脳梗塞で繰り返し起こった発作によって、右腕が完全に麻痺して動かなくなって、右目まで見えなくなってしまいました。それは、今までに経験したことがないほどの耐え難く、辛い体験で、私はどん底につき落とされてしまったのです。

　普通のことを当たり前にできるということが、いかにありがたく幸せなのか、身体の自由を失ってみて気がつきました。自由が利かないということを実際に経験してみて、理屈ではなく、幸せの意味がようやくわかったのです。

　その時、信じられないような出来事が起こります。入院中のある日、頭がとても痛くなって、気分が悪くなり寝ていた時に、一生忘れることのない不思議な体験をしました。

　なぜか私は七色の虹がかかった吊り橋の上に立っており、その景色は、見たこともないような素晴らしいものでした。私は、いわゆる、あの世とこの世の境目の〝虹の橋のたもと〟にいたのでした。

〝虹の橋のたもと〟には、たくさんの猫たちがいました。〝虹の橋〟を渡っていくと、橋の向こうから、腰の悪かった虎男が猛烈な勢いで、足を引きずるような形で、それでも精一杯走ってこちらに走ってくるのが見えました。

虎男は力を振り絞って、猛烈な勢いでこちらに向かってやってきて、思いっきり体当たりで、飛びついてきたので、私は〝虹の橋〟の上から、真っ逆さまにこの世に突き落とされてしまったのです。

この不思議な体験は、絶対に一生忘れることができません。なぜなら、この日を境に、突然に右腕が再び動くようになったからです。失意のどん底にいた飼い主がとても不憫に思えたのでしょうか。虎男は、天国との境目の〝虹の橋のたもと〟で、私を助けに駆けつけてきてくれたのです。

これは、常識では考えられないことであり、奇蹟以外のなにものでもありません。今ではこれまで通り、普通のことが何不自由なくできるということに、言い尽くせない幸せを感じて、心より感謝しています。

しかし、脳梗塞の麻痺は治ったものの、退院してから、もともとの持病が悪化して高熱続きで倒れてしまいました。そして今度は、この本の表紙の三毛猫のチャコちゃんが、自らの命を差し出して身代わりに亡くなってしまったのです。私にとってほんとうに悲しい出来事でしたが、体当たりで身代りに亡くなってしまったチャコの意志を酌んで、前向きに頑張って生きることにしました。

このように、自分の命を差し出すことも厭わず、飼い主を守ろうとしたり、亡くなったとしても霊界から助けにやってくるという、いわゆる〝恩返し〟をする動物達は、実際にたくさんいるのです。

本書は、猫を中心として、犬やタヌキの身近な動物の恩返しの宝物のような素晴らしい秘話がたくさん含まれています。ペットである身近な動物に支えられて、つらい人生を乗り越えて、良い方向に行くことがたくさんあります。

動物たちと人間は、支え合いながらこの地球上で、ともに生きているのです。

この本を通して、猫たちの〝恩返し〟が実際に存在するということを、わかっていただけると思います。

さあ、動物たちからの愛と魂の絆のメッセージを、ご一緒に受け取りにまいりましょう。

それでは、動物たちの恩返しの感動的なストーリーの始まりです。

二〇一三年　夏

第三章　動物は霊を視ている　113

contents

第四章　想念で思いは伝わる　135

第五章 飼い主を支えてくれる動物たち 173

contents

第六章 動物が教えてくれた真の幸福 217

第一章 猫たちは幸運をもたらしてくれる

飼い主のお役に立ちたいと思っている動物たち

私は小さい時から動物が大好きで、物心ついた頃から犬や猫を可愛がっていました。特に猫は大好きでご縁が深く、ずっと一緒に暮らしている中で、これまでに数々の不思議な現象もありました。捨てられていた自分を助けてくれたことに感謝して、身代わりとなって亡くなってしまった猫もいて、たくさんの切ないエピソードがあります。

私だけでなく、ペットの飼育歴が豊富な方でしたら、多かれ少なかれ、ペットの恩返しという行為に出会った経験をお持ちなのではないかと思います。

犬も猫も同じですが、自分の命を投げうってまで、飼い主の身代わりになるということは現実によくあることなのです。動物は波動に対して非常に敏感で、飼い主に何か異変が起こった場合、危険の予兆などを敏感に察知します。大事に育ててくれた飼い主のために一生懸命お役に立ちたいと、深い意識で思っているのです。
飼い主の具合が悪くなった時に、そのストレスを犬や猫は無意識のうちに吸収して、代わりに病気になってしまうケースもあります。

小さい頃から病気がちで、思うように人生がうまくいかなかった私にとって、たくさんの猫たちに助けられ支えられたお陰で今がある、といっても過言ではありません。

亡くなってしまった猫は、その日か次の日の朝方、夢の中でお別れのメッセージを私に送ってきます。そして霊界へ旅立つために霊道を走り抜けて、シュッと消えていきました。そのメッセージで、亡くなった猫たちが、現世でどういう役割を持って生きていたのかがようやく理解できるのです。

どんな生き物もすべて生きていることには意味があり、使命と目的を持って生まれてきています。これまで出会った猫たちも、転機や危機など、私の人生と大きな関わりを持っていました。ご縁のある猫は、みんな使命を持って生まれてきた、神が授けてくれた猫なのです。

そして私も、使命を果たして亡くなった猫や犬たちと一緒に、たくさんの試練を乗り越えてきました。その人生の修行を通して、動物たちとともに、自分自身の波動が高まっていくのを実感しています。私自身、動物たちの助けがなければ、いろいろな修羅場を乗り越えることはできなかったと言い切れます。

基本的に非常に眠りが浅い朝方やお昼寝に見る夢は、実はこれは夢ではなく自分自身の魂の方が霊界に行っているということがよくあります。例えば「朝方に亡くなった人の夢を見た」というお話をよく聞きますが、これは、ある程度霊感の強い人の魂が、夢を通して霊界に行っているからこそ、亡くなった方と出会えるのだと自分の経験を通して思います。

ですから皆さんも、夢の中で行った霊界で、亡くなったペットに出会える可能性があります。そこで、亡くなってしまったペットの気持ちを自分で直接メッセージとして聞くことができるかもしれません。

それでは、動物と会話できるようになった私が、自分自身で経験した、これまでの亡くなった猫たちとのちょっと切ない秘話を、霊界からの猫たちのメッセージとともにお話していきましょう。

幸運の猫「オッドアイ」の福ちゃん

大学院生だった頃に半年ほど飼っていた、福ちゃんという左右の目の色の違うオッドアイの白猫がいます。

福ちゃんと私の間には、絶対に忘れることのできない強烈な思い出がありました。

春のある日、突然に、真っ白いメスの猫が家にやってくるようになりました。とても器量良しできれいな白猫でした。ただ、いつも気が立っている様子で、近づくと「ハーッ」と怒るので、この白猫を〝ハー子〟と名付けて呼んでいました。

ある休日の朝、ホットケーキを焼いてお皿に移していた時のことです。ちょっと振り向いた隙に、テーブルの上のホットケーキをハー子がくわえてどこかに持って行ってしまいました。見ていると、それを何回も繰り返すので、おかしいと思ってハー子を追跡してみることにしました。すると、車庫の片隅でハー子を待つ子猫が三匹もいたのです！

ハー子は、子猫を生んで育てていたお母さん猫だったのです。子猫たちはハー子がくわえてきたホットケーキを美味しそうにムシャムシャ食べていました。ハー子は、子猫を守り育てるために、いつも「ハーッ」と威嚇していたのでした。

ハー子と三匹の子猫は、はじめこそ警戒して逃げていましたが、だんだん近づいてくるようになり、やがて我が家に住むようになりました。まだ生まれて一カ月くらいでしたので、よくなつきました。

三匹のうち二匹は白色のメスで、もう一匹は茶色のオス。二匹の白猫のうち一匹は、左右の眼の色が異なるオッドアイで、片方が青色、もう片方が黄色でした。

オッドアイになるのはほとんどが白猫で、日本では「金目銀目」と呼ばれており、世界中で縁起の良い幸運をもたらす猫として珍重されてきたそうです。

そこで、幸運の猫ということにあやかって、このオッドアイの白猫を〝福ちゃん〟と名付けることにしました。

この三匹の子猫の里親を探そうと、私は彼らを猫の譲渡会に連れて行きました。二匹の里親は見つかったのですが、福ちゃんだけ残ってしまったのです。そこで、私は福ちゃんとご縁があるのだと思って、家に連れて帰って飼うことにしました。

それから、福ちゃんとの新しい生活が始まりました。福ちゃんは、非常に内向的な猫で、他の人になつくということは全くありませんでした。耳があまり聞こえなかったようで、鳴くこともしません。オッドアイを持つ猫は、青色の眼がある方の耳に聴覚障がいを持ち、耳が聞こえないことがあるそうです。聴覚障がいは、オッドアイに限らず、目が両方ともブルーの猫にも出やすいとされています。

ちょうどその頃、私は大学院に入ったばかりで、家から通える近くの大学に自転車で通っておりました。福ちゃんはいつも、大学に行く時は庭の塀の上で見送り、帰宅する頃には近所の塀の上まで遠出して、私の帰りを待っていてくれました。福ちゃんが待っていてくれるのを、私もとても楽しみにしながら帰宅したものです。

福ちゃんとは、ご飯を食べるのも寝るのも一緒で、大の仲良しでした。

病気の私を見守っていてくれた福ちゃんの急死

当時、私には大きな悩みがありました。その三年ほど前から、顔の右側が炎症で真っ赤になり、ものすごい痛みと熱を持っていたのです。あちこち、何軒もの病院へ行きましたが、原因不明で検査をしてもずっとわからないままでした。

だんだん炎症がひどくなってきて右半面がお岩さんのようになってからは、マスクをしたり厚い化粧をしたりして隠していました。どうしても外出の必要がある時だけ、仕方がなく出ましたが、それ以外はなるべく人に会わないようにして、ほとんど家に籠って隠れるように生活していました。

そうして様々な治療をしているうちに、強い薬の副作用でひどい白内障になってしまい、眼が見えにくくなってしまいました。

顔というのは隠せませんから、ものすごいストレスです。その頃の私は心を閉ざして、完全に病んでいました。福ちゃんは、そんな悲観的な私の傍にいつもいて、心配そうな顔をして慰めてくれていたのでした。心配だったから、送り迎えもしてくれていたのでしょう。私は福ちゃんが大好きでした。福ちゃんは二色の光を宿したオッドアイの瞳で、いつも優しく見守ってくれていました。

そんな福ちゃんとの生活が、一瞬で壊れる日がやってきました。福ちゃんは、ある日、交通事故で急死してしまったのです。私が大学へ行っている間の出来事でした。
母から「庭で福ちゃんが横たわっているのを見つけて、寝ているのかと思って近づいてみたら亡くなっていた」と、泣きながら電話がかかってきました。私はびっくりして、飛んで家に帰り、横たわっている福ちゃんの姿を見て、目を疑いました。

どうして？　今朝も塀の上で見送ってくれたのに、なぜこんなことになってしまったの？

半年になったばかりの福ちゃんは、まだあどけない顔をしていました。死に顔は目を開けたまま、何かを訴えているようで、決して成仏している安らかな顔ではありません。

私は混乱して何が何だかわからず、あまりにも突然の死で、悲しすぎて涙も出ず、ただ呆然としていました。それから一週間、悲しみとショックで誰とも口をきくこともなく、ずっと家に籠っていました。

私の送り迎えをしなければ、福ちゃんはあんな事故に遭うこともなく、今も生きていたかもしれない。自責の念に駆られて、毎日自分を責めてばかりいました。

亡くなった時、母は「かわいそうに」と号泣しましたが、私はなぜか涙が出ませんでした。ものすごく泣きたいのに、どうして泣けないのだろう？　心に空洞ができてしまったような大きな喪失感と空虚感。泣いてしまった方が楽になるだろうに。

けれど全く泣けないのです。極度に打ちひしがれてしまうと、人というものは涙なんて出ないのかもしれないと、そのときつくづく思いました。

もしかすると自分の部屋を出たら、塀の上でいつものように福ちゃんが待っているのではないか、そんな錯覚さえ起こってきました。しかし、当たり前ですが、どこにも福ちゃんはいません。

福ちゃんが死んだ日から、生きる気力すら無くなって、私は大学にも病院にも行かなくなってしまいました。

事故で身代りとなった幻の白い猫

それから十日経って、薬がなくなってしまったので、やむなく病院に行くことにしました。自転車に乗って無気力にふらふらとペダルをこぎ出したのですが、どこを見ても全てがモノクロで景色に色がありません。いろいろなことが重なって、自分の精神状態があまりにも普通でないのが、外に出てみてはっきりわかりました。

そしてふらふらしながら自転車に乗ったまま、交通量の多い道を渡ろうとしたとき、もの凄い速度で白のワンボックスカーが走ってきたのです。白内障のため、眩《まばゆ》い光に反射すると目がほとんど見えず、遠近感もおかしくなっていたので、日ごろから気を付けるようにはしていました。

しかし「あっ」と思った時には、すぐ目の前に猛スピードで走ってきた白い車がいました。

「もう間に合わない、ダメだ!!」

そう思った瞬間、道路の向こうから白い猫がものすごい勢いで走ってきて、その車の下に滑り込んでいったのです。一瞬、眼を疑いました。その白猫は、紛れもなく福ちゃんだったからです。

「福ちゃーん!!」と呼んで、私は道路のすぐ脇に自転車ごと倒れてしまいました。その横スレスレに白のワンボックスカーは、スピードを緩めることもなくそのまま通り過ぎていったのです。

自転車ごと横に倒れなければ、私がこの車にはねられていたのは間違いありません。車の下に滑り込んでいった、幻であろう福ちゃんを見ることがなければ、恐ろしい大惨事になっていたことでしょう。

なぜ、亡くなったはずの福ちゃんが出てくるのかはわかりませんでしたが、「とにかくさっきの車にはねられているはずの福ちゃんを探さないと」と思った私は、何が起こったのか全く理解できない状態で、倒れたまま辺りを見回しました。でも、福ちゃんはどこにもいません。

しかしその時、一瞬だけ目の前に福ちゃんが現れて、笑ったような表情でスーっと走って消えていきました。何が何だか訳がわからなくなり、涙がとめどなくあふれてきました。福ちゃんが死んで以来、初めての涙でした。

通りかかった人が、倒れたまま私が泣いているのを見て、転んで怪我でもしているのかと思ったらしく「大丈夫ですか」と声をかけてくれました。でも、私の体にはかすり傷一つなかったのです。

「福ちゃんごめんね、死んでからも心配かけて。こんな情けないことばかりしているから、成仏できないよね。こんなんじゃ安心してあの世に旅立てないものね。私がしっかりしなくちゃ」とそう思って起き上がった時、モノクロだった視界にぱぁっと色がついて、ようやく景色がはっきりと見え始め、そこで正

気に戻った気がしました。

それから一カ月ほどたって、「白い猫が車にはねられたのを見た」という人と偶然に出会いました。その人は、道路を渡っていた白猫が、もの凄いスピードでやってきた白のワンボックスカーにはね飛ばされたのを見たと言います。

福ちゃんは、私がひかれそうになった車と同じような白のワンボックスカーにはねられて、亡くなっていたのでした。そして、その猫は、はねられた直後に走ってどこかへ行ってしまったそうです。かわいそうに、命からがら家に走って行ってようやくたどり着き、庭でそのまま息を引き取ったのでしょう。

では、亡くなった後で、なぜ私が事故に遭いそうな時に、福ちゃんは出てきて助けてくれたのでしょうか。それがどういうことなのか、ずっとわからないままでいました。でも、それはまもなく簡潔な答えとなって、私の心に飛び込んできました。

なぜなら、四年間治療し続けてもどうしても治らなかった、原因不明の顔の

右側の炎症が、それから不思議なことに急速に跡形もなく治ってきたからです。病院の先生も、これにはびっくりしていました。

実は、福ちゃんが事故で亡くなった時の死に顔は、打撲によるものか、顔の右側が真っ黒でした。決してきれいな安らかな死に顔ではなかったのです。

きっと私の業を何もかも背負って、身代わりとなって、福ちゃんは亡くなってしまったのだと思います。毎日、悲観的に生きている飼い主が、猫から見てもあまりにも可哀相に映ったのでしょう。自分の命と引き換えにするなんて、できることではありません。

顔がきれいに治って、それからは堂々と周囲の目を気にすることもなく、外へ出るようになりました。可哀相な飼い主をどうにかして助けようとした、福ちゃんの優しい心が、動物の種《しゅ》の壁も時間すらも乗り越えて、このような不思議な現象を引き起こしたのです。奇蹟とは、「思い」が常識を超えた所に起こる現象をいうのかもしれません。

ハンディキャップを背負った黒猫・玉三郎

大学院で研究を続けた私は二年生になり、あともう少しで卒業という時のことでした。

父のお見舞いの帰りに交通事故にあい、リハビリを兼ねて自宅療養をしていた時に父が亡くなってしまったのです。自分の事故のことも含めてあまりにショッキングなことが続いたため、大学院を卒業後、全く人と話すこともなく、また家に籠るようになってしまいました。

そんな引き籠りの生活をしていましたら、行きつけの獣医さんが「黒猫の子猫がいるけど飼ってくれないか？」と言ってこられました。私は、その黒猫に会いに行き、眼があったとたんすぐにご縁を感じ、気に入って飼うことにしたのです。

この黒猫は首を噛まれて瀕死の状態だったのを、若い夫婦が拾い上げて獣医さんの所へ連れて行ったので奇跡的に治った、といういきさつのある猫でした。その若い夫婦は、アパートに住んでいて猫が飼えなかったため、私が黒猫大好きなのを知っていた獣医さんに、飼ってほしいと言われたのです。

このオスの黒猫を玉三郎と名付け、それから玉三郎君との楽しい生活が始まりました。


しかし半年が経った頃に玉三郎君は交通事故にあい、半身不随というとんでもなく可哀想なことになってしまったのです。事故で腰を打ってタマタマが無くなってしまったので、玉三郎からタマを取って三郎、さらにサブと名前も変わっていってしまいました。

サブちゃんは、それから半身不随になっても負けずに一生懸命生きていきました。腰から下が不自由なため、前足が非常に発達して頑丈になり、移動する時は前足を器用に使って動いていました。

身体が不自由で思うように動けないのに近所のボス猫に狙われていじめられたり、とても苦労をしている様子がありありとわかりましたが、それでも健常な猫に負けずに自分の力で何でもこなしていたのです。

サブちゃんは、何事にも積極的で、とっても強くて、しかも気立ての良い優しい猫でした。いわゆる精神レベルの非常に高い猫だったのです。

身体が不自由でも、前向きで精一杯生きているサブちゃんの姿を見ていると、事故で療養中の自分と重ねて、とても励みになり勇気づけられました。そして、心を閉ざしていた私も、何か始めようという前向きな気持ちになってきたのです。

もともと理系人間で、環境問題に興味があったことから、まずは資格試験を受けようと思って、気象予報士試験の勉強を始めました。サブちゃんと一緒に、毎日頑張って勉強を続け、療養の間に資格を取ることができました。

自宅療養中だったこの期間、リハビリを兼ねて、庭に植物を植えることにした私は、特に大好きなアジサイをたくさん植えていきました。サブちゃんは、勉強している時も食事の時も、庭に植物を植える時も、どこにいても横にいて行動をともにしていました。

命と引き換えに闘病を支えてくれた丸い瞳のサブちゃん

自宅療養を始めて三年が過ぎ、私は交通事故による怪我も治って、だんだん体力も回復してきましたので、博士課程に進学することにしました。

大学は、家から自転車で通える距離にありましたので、社会復帰にはちょうどよい行動範囲でした。サブちゃんは、私が大学へ行っている間は家で待っており、帰ると大喜びで飛んでやってきました。

しかしそんな大学生活は、またすぐに崩れてしまいました。今度は、また自分の持病の悪化で、ほとんど寝たきりになってしまったからです。

毎日三十九度くらいの高熱が出て、熱にうなされる辛い状態のまま、ずっと寝ている状態が続きました。治療をしてもなかなか薬が効かず、髪も全部抜けてしまいました。重なる苦難に、今度こそ生きる気力すらなくなってきたのです。

寝ている間も、サブちゃんはずっと横にいて、心配そうに様子をうかがっていました。

事故の後、ようやく前向きになって人生をやり直す気持ちが出てきたのに、こんな状態では生きている意味がないと、私はとことん落ち込んでいきました。そんな落ち込んでいる状況の中、サブちゃんは、大きなまん丸の目で心配そうにジッと見ては、ずっと横でお供をして一緒に寝ていました。

それから約一年間、過酷な治療を繰り返してようやく熱も下がり、一日の内で起き上がる時間の方が多くなってきました。しかし、薬の副作用でさらに白内障がひどくなってきたため、お昼は特に眩《まぶ》しくて目があまり見えなくなってしまいました。

その代りなのか、さらにサイキック能力が高まっていることに気付いたのも、この頃でした。身体も弱く、目があまり見えないため、神様が特別に授けてくれた能力だと、今はありがたく受け取っています。

闘病中は自分のことで精一杯だったので、周りを振り返る余裕もなかったのですが、少し良くなってふと横をみたら、いつも行動を共にしていたサブちゃんが、なんだか元気がなくなってきているのに気付きました。私が、元気になってくるのと反対に、サブちゃんはどんどん具合が悪くなっていったのです。

それから私自身はずいぶん体力も回復して、ようやく一年後に大学に復帰することができましたが、サブちゃんは私の復学と同時に、眠るように亡くなってしまったのです。

サブちゃんの亡骸は、一緒に植えた思い出深いアジサイの、一番きれいな大輪の真っ白い花の下に埋めて、そこにお墓を作りました。

亡くなった次の日の朝方、サブちゃんは夢に出てきました。

お墓のある真っ白いアジサイの下に、ちょこんと真っ黒いサブちゃんは座っていました。そしてこんなメッセージを投げかけたのでした。

「前から決めていたんだ。あなたが大好きだったよ。そのしるしに、僕の命をあげる。その代わり、もうお別れ。さようなら」

サブちゃんは、自分の命と引き換えに私を救ってくれたのです。生きている時は半身不随で走れませんでしたが、不自由な体から抜け出して霊道を思いっ

きり走り抜け、颯爽とあの世に旅立っていきました。最後に、「本当は、飼われる前にとっくに死ぬ運命だったのに、あなたが救ってくれたからね。その恩返しだよ」と言って。

サブちゃんのお墓となった真っ白いアジサイは、毎年、初夏になると特に見事な花を咲かせます。この美しく咲く白いアジサイを見ると、自分の身代わりに亡くなってしまった優しいサブちゃんのことを思い出し、涙があふれます。

そして、不自由な身体でも優しい心を持ち続け、力強く生き抜いたサブちゃんの姿に大きな勇気をもらった私は、どんなことがあっても人生乗り越えてやっていけるような気がしてきました。

そのアジサイの白い花をサブちゃんだと思って、「ありがとう。これからもサブちゃんみたいに困難に負けず、頑張っていくね」と話しかけています。

神様が授けてくれた虎男

サブちゃんが亡くなって、ようやく大学の博士課程にも戻ることができた私は、忙しい毎日を送っていました。というのも、復学は果たしたけれど、あと一年以内に論文を書き上げなければ学位が授与されないというタイムリミットがあったのです。今まで中断していた研究を再開して、猛烈な勢いで論文を書いていったのでした。まさに寝る暇も惜しんで、研究と論文の執筆に毎日せっせと取り組んでいました。

アジサイの葉の生い茂る五月、部屋で論文を書いていた時に何気なく外を見ると、見かけたことのない、こげ茶色のサバトラのキジ猫が、サブちゃんのお墓のアジサイの所にちょこんと座っていたのです。そのオスのキジ猫はとても優しい顔をしていましたが、ものすごい眼力を持っていて、猫というより、まるで意志の強い人間のような眼をしていたのです。

そのキジ猫を部屋から見ていて、眼が合った瞬間、「おいっ！　こっちへこい!!」という想念が飛んできました。「何と厚かましい」と思いながら、サブちゃんのお墓の所に座っているキジ猫の所へ行きました。そして、行ってみて二度びっくり。なぜなら、そのキジ猫もサブちゃんと同じように腰がかなり悪く、ちゃんと歩けなかったからです。

「大丈夫？」と想念を送ったら、「だから呼んだのさ」とすぐに返事が戻ってきました。キジ猫は私の眼をジッと見て、「おまえ、珍しくいいヤツそうだな」とニヤッと笑ったような顔をしたのです。「かわいそうに。あまり動けないの？」と言って腰をさすってみると、とても嬉しそうな顔をしていました。こうしてサブちゃんの代わりだと思って、家で飼うことに決めたのです。

このキジ猫は、今までの猫の中では「想念」がダントツといっていいほど強く、いつも明確に言いたいことをはっきりと私に投げかけてきました。

腰はかなり悪く、足を引きずってようやく歩けるという程度です。あまり歩くと痙攣がきて、パタッと倒れてしまうこともありました。なぜこんなに腰が

悪くなってしまったのか、キジ猫に聞いてみると、「野良猫であちこち放浪している時に、男の人に蹴られたり、棒で叩かれたりしたからだ」とびっくりするようなことを言ってきました。これを聞いた時には、あまりに可哀相で非常にショックを受けました。

猫はものが言えないし、小さくて弱い立場にいるからといって何をしてもいいということはありません。世の中には心ないひどいことを平気でする人間がいるものです。

このキジ猫には〝虎男〟という、体が弱くても負けないような、思いっきり力強い名前を付けました。それから、虎ちゃんと一緒に論文を書く生活が始まったのです。

腰が悪くてあまり動けない虎ちゃんは、サブちゃんと同じように、食事の時も寝る時も論文を書いている時も、いつも一緒にいました。

虎ちゃんの周囲には優しい癒しのオーラがにじみ出ていて、一緒にいるだけで、とても幸せな気持ちになったものです。

私は、虎ちゃんが大好きでした。この猫もまた、非常に賢く精神レベルの高い猫であり、それもあって、自分の想念を明確に私に投げかけることができました。腰が悪く、体がとても弱い分、念力が強かったのだと思います。

そうして虎ちゃんと私は、想念伝達でやりとりをしながら、論文の執筆で大変だった毎日を乗り切っていったのです。

「俺がついているから大丈夫さ」

論文が受理されなければ学位がもらえないというプレッシャーと戦いながら、論文を書いては送り、返ってきたら修正してはまた送るということを繰り返していました。「今度は大丈夫かな」と思って封筒を開けたら、まだ修正があって受理されない。そんなことが何度も続いていました。

がっかりしてどうなるか心配していたら、虎ちゃんが横で「俺がついているから大丈夫さ」と自信満々に言うのです。「どうして大丈夫なのよ」と聞きますと、「俺は強烈な運を持っているからさ。おまえさんに助けられた御恩を返そうと、いつも願っているから絶対大丈夫だ」と言い切るのです。「虎ちゃん、なんだか招き猫みたいね。ありがとう」と言って、またいつものように励まされて、私は論文の手直しをするのでした。

そんなやり取りが続く中、夏がきました。

虎ちゃんは、いつも私の隣の椅子でずっと見守っていましたが、日中、そこは日差しが強くてとても暑いので、窓辺に沿ってゴーヤを植えて屋根より高く成長させ、少しでも日除けになるようにゴーヤのカーテンを作りました。この頃は、最も気合いを入れていた時期で、論文の二つのうちの一つが受理されました。ゴーヤのカーテンの中でアイスクリームを一緒に食べながら虎ちゃんと頑張っていたことが、大変だったけれどとても充実した時間として、今でも懐かしい思い出です。

それから秋になり、まだもう一つの論文の修正が何度も続いていました。さらに秋も深まった十一月のある日、届いた封筒を開きますと「受理されました」の文字が！

十二月までに受理されないと学位は駄目でしたので、本当にギリギリの滑り込みセーフだったのです。周囲の誰もが、その頃には「もう駄目だろう」と思っていたことでしょう。私はすぐに、一緒に頑張ってくれた虎ちゃんに報告に行きました。すると「言った通りだろう。よかったな。なんせ俺は招き猫だからな」と、とても嬉しそうな顔をして言ってくれました。

冬になり、新年を迎えた頃から、虎ちゃんの体調が急激に思わしくなくなってきました。腰がとても痛そうで、血尿が出て、痙攣の発作が起きては何度も倒れて獣医さんの所へ駈け込むようになったのです。

そんな中、二月半ばに学位が正式に決まりました。念願の博士号取得が決定したのです。ところが、決定して三日後の夜、虎ちゃんはまた発作を起こして、そのまま急死してしまいました。

あまりに事態が急すぎて現実を受け止めることができず、亡くなったという状況が理解できませんでした。いつも一緒に暮らして、抱いておしゃべりをしていた虎ちゃん、これからもずっと一緒だと思っていたのに……。

しかし獣医さんは、「あんなにひどい怪我をして、すぐ死なずにこんなに生きていた方が奇跡だ。虎ちゃんは、本当に頑張り屋さんだったたね」とおっしゃいました。

虎ちゃんの最後の言葉

夜中に亡くなってしまった虎ちゃんの亡骸を、泣きながらずっと抱いていたら、朝方ウトウトして、意識が遠くなってきました。

いつのまにか、私は廊下に立っていました。「ここは、あの世だ。霊界の入口だ」と気付いた瞬間、虎ちゃんが目の前に現れ、歩いて近づいてきました。そして大きな力強い眼を向けて、最後のメッセージを投げかけてきました。

それは「これからが、おまえさんの人生の本番さ。もっといいことがたくさんあるよ。俺とだって、こんなに仲良くなったじゃないか。だからもっと心を開いて前に出ようよ」というものでした。

自宅療養中に父が亡くなり、自分の事故や病気など、あまりにショッキングなことが続いたため、殻に閉じこもってしまった私は、人と話すことも減って閉じこもるようになってしまっていました。虎ちゃんは、人に対する閉鎖的で批判的な私の姿を見て、とても心配だったのでしょう。

そして、最後に「これから、おまえさん、やらなくちゃいけないことがたくさんあるぜ。忙しくなるぞ。頑張って自分を信じてまっすぐ行けよ」そう言い残して虎ちゃんは、廊下をものすごい速さで走って行き、家の外にある霊道を走り抜けて、まばゆい光の中へ身を躍らせたかと思うと、シュッと消えて旅立っていきました。

虎ちゃんが走って消え去っていった瞬間、ハッと目が覚めて、出会ってから今までの日々が走馬灯のように脳裏を巡っていました。そして、ある考えが私の心に芽生えたのです。


蹴られたり殴られたりして虐待されていた虎ちゃんは、サブちゃんのお墓の前で初めて出会った時、もしかすると本当は、すでに死んでいたのかもしれない。神様は、一度亡くなった虎ちゃんに決められた期間の命を与え、私を助けにやってきたに違いない。虎ちゃんは、神様が私に授けた猫だったのだ。

そう考えると、学位を取るという願いを叶えてくれた虎ちゃんとの、これま

での神がかり的な不思議なやり取りが思い出されました。虎ちゃんがずっと支えてくれていなければ、私は論文を書き続ける精神力はなく、学位は難しかったでしょう。虎ちゃんは私にとって、かけがえのない大きな存在だったことに、亡くなってからはっきり気が付いたのです。

虎ちゃんと私が一緒に過ごすことができたのは、十カ月という短い期間でした。とても短い間でしたが、その間、虎ちゃんには、言い尽くせないほどたくさんの大きな愛と勇気をもらったことに改めて気付いたのでした。生きて一緒にいた期間は短かったけど、虎ちゃんの私への愛情はとても深いものだったのです。

愛情とは、愛された期間ではなく、その深さが大事だと思います。これは、人間同士でも同じことです。どんな形であっても、深く愛される人、そして他人を深く愛することができる人は、とても幸せな人ではないでしょうか。そして深い愛は、どんなに時間が短かったとしても、ずっと心の中で支えとなって決して色あせることなく永遠に輝き続けるのです。

それから虎ちゃんとの短いけれど充実して過ごした日々のことを、振り返って考えました。どの思い出の中にも、自分よりもっと弱い立場で、しかも傷ついた小さな体で、私のために精一杯生きてくれた虎ちゃんの姿がありました。私はずっと守られていたのだ！

とても大事なことに気付き、頭をガンと殴られたようなショックを受けたのです。

事故や病気や父の死や、大変なことが重なってしまったことで、自分はこの世で一番可哀相だと、悲劇のヒロインのように思っていたことを猛烈に反省しました。世の中には、まだまだ弱い立場にいる存在があって、まだまだ自分のやるべきことはたくさん待っているのに。

神様が虎ちゃんを通して、最後の言葉で私に伝えたのは、こういうことだったのだと、その時ようやく理解できました。

三月の学位授与式には、虎ちゃんの写真を持っていきました。

「俺は招き猫だ」と学位の決まった時の得意げな虎ちゃんの嬉しそうな顔を思い出して、私は「虎ちゃん、ありがとう」と涙を流して、大きな勇気をくれたことに心から感謝したのでした。

ブログで人気になったイケメン王子猫・又吉

学位を取得した年、ひょんなことから、私は東京で鑑定士のお仕事をすることになりました。それは学会などで全国あちこちへ行った際に、時間を作っては地元の占い館へ行って、自分の能力を確かめるということをずっとしていたことがきっかけでした。

人生、何が起こるかわからないものですね。今では、鑑定士の仕事と、本を書く仕事に就けるようになったことが必然であったと実感しております。

特に本を書くお仕事では、自分の能力で体験したことをたくさんの方に伝えることができますから、大事な使命であると、とてもありがたく思っています。

とは言え、それまでずっと研究ばかりしていましたので、鑑定士を職業にするとなると、能力はある程度あっても、最初は仕事自体に慣れなくて大変でし

た。

そんな中、鑑定士となった二〇〇九年の春から、ブログを立ち上げることにしました。ブログでは、ペットの三毛猫チャコちゃんとプードルのプリン、そして私の家の裏の林に住んでいるタヌキ一家が中心で、動物たちとのたわいもない会話を綴っています。

ブログを始めた二〇〇九年の秋までは、又吉というグレーのキジトラの、端正な顔立ちのきれいなオス猫がいました。イケメン王子猫としてブログにもよく登場させていましたが、ウイルス性の肺炎で急死してしまったのです。なんとまだ三歳という若さでした。

又吉も「生きよう」と猫なりに精一杯頑張りましたが、命が尽きてしまいました。闘病記を書いておりましたので、元気だった又吉の急死にはブログの読者の方もびっくりされて、たくさんのメッセージをいただきました。亡くなってから「追悼・又吉」と題して、又吉とのこれまでの交流と霊界への旅立ちを書き綴っていきますと、さらにものすごい反響がありました。

又吉との最初の出会いは、二〇〇七年の冬でした。まだ生まれて半年もたっていないような小さな体とあどけない顔をしていました。痩せてヒョロッとして、眼を合わせるだけでさっと逃げていました。眼もキリッとして、なかなかいい顔立ちでとても可愛い猫でした。

はじめは飼われていたのに小さい頃に捨てられて、ようやく生きていたのでしょうね。小さい体で、野良猫として放浪して辛い目にあってきたのでしょう。人間をはじめとして「何もかも信じない」と言わんばかりの否定的な眼をしていました。

最初の頃の又吉は「どうせお前もオレの敵なのさ」と、私にそんな想念を飛ばして逃げてばかりでした。でもなんとなくこちらが気になってきたのでしょう。まるで〝だるまさん転んだ〟で遊んでいるみたいに、振り返ればいつも、視界の中に又吉がいるようになったのです。

やがて、「お前は、悪いやつじゃなさそうだな」と、だんだん私への信頼の気持ちも出てきたようでした。

そうして少しずつ微妙な距離を縮めながら過ごしていたある日、又吉が一瞬で私に心を許す事件が起こったのです。

まだ小さく痩せて貧弱な体をした又吉は、体の大きいオス猫にしょっちゅう追っかけられていじめられていました。その日は、意地の悪そうな近所のボス猫がきて、又吉を追い詰めてしまい、とうとう裏の川に落としてしまったのです。

ちょうど私の目の前で起こったから良かったものの、その時は川の水量も多く、誰もいなければきっと又吉はおぼれていました。私はすぐに川に入って又吉を抱きかかえましたが、なんの抵抗もせず、私に抱かれたままでした。その時から、又吉との大きな信頼関係ができたのでしょう。ほとんどの時間を家で一緒に過ごすことになったのです。


又吉は、非常に臆病で内向的な猫でしたので、オスなのに外をウロウロすることもなく、家の周りにいつもいました。

かなりの器量良しで、一九八〇年代に「なめんなよ」のフレーズが流行した〝なめ猫〟の又吉によく似ていたので、又吉と名付けました。

家に連れてきてから、私と又吉はいつも一緒にいました。又吉はいつも笑ったような表情をしていたので、顔を見るだけで何だか気が抜けて楽しくなり、気分転換によく遊んでいました。

隣のお宅に伺ってはおやつをもらっており、ここでも〝イケメン又ちゃん〟と呼ばれて可愛がられていました。

魚が大好きで、スーパーの袋に魚が入っていると大喜びでした。その魚を料理する時も椅子の上に乗って眺めながら、ニコニコした顔をして楽しそうにしてでき上がるのを待っていました。特にお造りと魚のから揚げが大好物でしたので、又吉のためにもほとんど毎日のように、魚を買っていました。そんな、たわいもない日常生活での楽しい思い出がいっぱいあります。

ブログには又吉の写真をたくさん撮って載せていましたので、短い命でしたが、思い出が記録として残り、ブログを始めて本当に良かったと思います。又吉が登場して多くの方々に見ていただいて可愛がられたことも、この世に又吉が生きていた証になりました。

又吉はブログを通してとても可愛がっていただき、亡くなった時も、皆さんが自分の猫のように悲しんで心配してくださって、本当に心が救われました。この時、ブログという存在のすごさにびっくりしたものです。

出会いも別れも、私の腕の中で…

だんだん又吉の調子が悪くなってきたのは、二〇〇九年の夏頃からでした。ブログで又吉のことを〝イケメン王子猫〟として載せようとした矢先に、ウイルス性の病気にかかっていたのが発病して症状が出てきました。はじめはのどを痛がっていましたが、最後の一カ月は肺炎でとても苦しみました。最後の最後は、それはひどい状況でかわいそうで見ていられなかったほどです。

亡くなる一週間前に、又吉を行きつけの動物病院へ連れて行き、点滴をしてもらいましたが、その夜は点滴がよく効いて、呼吸もそんなに苦しくなさそうでした。

少し気分が良くなったからでしょうか、又吉は私の膝に飛び乗り、思いっきりくっついて甘えてきました。顔をこすり付けて、それはそれは嬉しそうな、笑ったような顔をして、決して下りるとは言いませんでした。私は膝の上で、ずっと抱きしめていました。それが又吉との最後の思い出になるような気がして、抱きしめたその手を離すことができなかったのです。

そして、その予感は、やはり的中したのです。又吉は、次の日から昏睡状態になってしまいました。がむしゃらに、「絶対生きてやる」という感じで頑張っているのが、見ていてよくわかりましたが、最後にはとうとう意識もなくなってしまいました。

ずっと付き添っていて、もう時間の問題だと思いながら、ちょっと物を取りにいこうとして又吉のそばから離れた時、なんと又吉は這って私の後を追いかけてきたのです。すでに意識も全くなかったのに！

横で見ていた母は、そんなことがあるのかとびっくりしていました。私は、又吉をそのまますぐに抱き上げました。すると、今まで苦しんでいた様相が、なんだかまた笑ったような顔にくるっと変わって、そのままスーッと息を引き取ってしまったのです。

その死に顔は笑っているような、なんともいえない優しい顔をしていまし

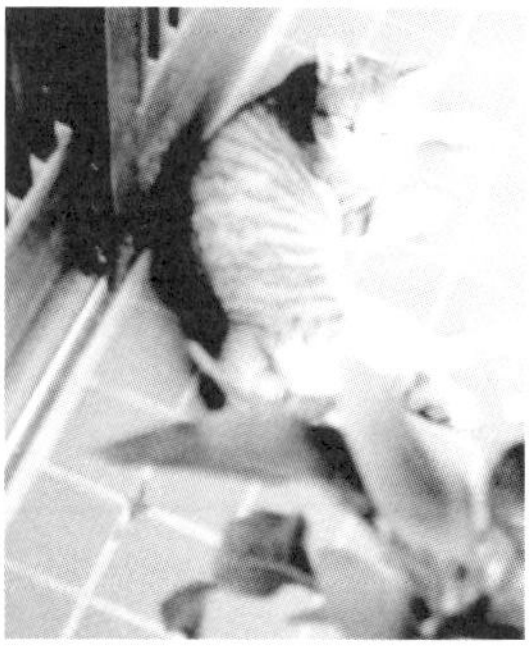

た。そして、短い命だったけれども精一杯生き抜いた、すべてをやり終えたという満足そうな顔でした。こんな小さな体で本当によく頑張ったと思います。最初に飼うことになったきっかけの時も、川でおぼれかけたのを抱き上げた腕の中でしたが、最後に亡くなる時も又吉は私の腕の中でした。追いかけてきたのは、きっと私に看取ってほしかったのでしょう。

亡くなって魂が抜ける瞬間、私にははっきりと又吉の想念が伝わってきました。それは、「可愛がってくれてありがとう」という感謝の念でした。結局、又吉には私しかいなかったのです。

又吉の死を通して改めて、私への信頼と愛の深さを思いました。猫には猫なりの愛情表現があるということを、強く感じました。生きている期間は短かったけど、又吉の愛情はとても深いものだったと、亡くなる瞬間に気付いたのです。

「幸せだった」というメッセージを、悲しみを知る人たちに伝えたい

又吉が亡くなってから三日後にはすぐ、東京へ鑑定の仕事に行かなくてはなりませんでした。心残りでしたが、ともかく東京へ向かい、ホテルに泊まっていたら朝方に又吉の夢を見ました。

夢の中では、季節外れの真っ赤な彼岸花が、裏の林にたくさん咲いていました。ここは、霊界だとすぐにわかりました。咲き乱れる真っ赤な彼岸花の中から顔を出した又吉は、いそいそと走ってこっちに来ました。そして、私にメッセージを投げかけてきました。「オレは、とても幸せだった」と、いつもの笑ったようなニヤニヤした顔をして言ったのです。

私には「もっと早く病気の治療をしてやれば助かったかもしれないのに」とか「もっと気にかけてやれば良かった」など、まだたくさんの悔いが残っていました。でも、こんな飼い主でも幸せに思ってくれていたのだと、又吉の「幸せだった」という言葉で少しは気が楽になりました。

「特別なことは何もいらないさ。オレを心から可愛がってくれたのは、おまえさんだけだから。本当にありがとう」そう言って、真っ赤な彼岸花が咲き乱れる裏の林の霊道を思いっきり走り抜けて、旅立っていきました。最後に「ただ可愛がってくれた、それだけでいいのさ。その気持ちは永遠なのさ」とメッセージを残して。

又吉は、私の後悔の気持ちを汲み取って、可愛がってくれただけで嬉しかったというメッセージを伝えにきてくれたのでしょう。

私は又吉の死について、最後に伝えてきたメッセージを、ありのままにブログに書き綴りました。そして、同じようなペットの死を経験した、ペットロスの悲しみを知る方々などから大きな反響をいただきました。又吉の死を経験したことによって、ブログを通した人々との交流がさらに深まっていったのです。

そして、最後の「可愛がってくれただけで幸せだった」というメッセージは、鑑定士としての意識にも変化をもたらしてくれました。可愛がった軌跡というものは、亡くなってしまった後も、姿は見えなくても動物の魂に深く刻み

込まれるものなのです。どういう形であれ、しっかり可愛がってあげることが大事なのだと心から思いました。

「愛は形じゃないよ、気持ちの問題だよ」と、又吉は私に一番大事なことを教えてくれたのです。愛の思いは、言葉にしなくても必ず伝わります。そして、愛は永遠であり、心の絆が消えることは決してないのです。

それから不思議なことに、亡くなった動物の気持ちを鑑定することが多くなってきました。ペットたちは、いろいろな理由で亡くなっても、どんな形であれ可愛がって大事にしてくれた飼い主には、変わらぬ感謝の気持ちでいっぱいなのです。そして、可愛がってくれた飼い主の傍で温かく見守っているのです。

又吉の死を通して、彼が大事なことを教えてくれなければ、動物の気持ちを鑑定しても、完全に気持ちがわかるということはなかったかもしれません。

動物と人間の媒介となることができる通訳のような自分の能力で、動物たちの真の気持ちを伝えなければと、心から橋渡しとしての役割の使命を感じるようになってきました。

又吉の死はとても悲しかったけれど、この経験を通して、鑑定の仕事への意識がずいぶん変わってきたのも確かです。そう考えると、又吉もまた、大きな使命をもった猫だったのだと実感できます。ありがとう、又吉！

おやじと名付けた招き猫

鑑定を始めてから丸一年が経過したある日の朝方、とても懐かしい夢を見ました。朝方見る夢というのは、たいてい霊界に行く時です。夢の中の私は、部屋で横になっていました。外を見ると、真冬なのにお花がたくさん咲いており、ここは霊界だとすぐにわかりました。

何が起こるのかしらと期待しながらジッと窓の方を見ていますと、二匹の猫が走ってきたのです。白黒の大きな猫と真っ白い小さな猫が、とても楽しそうな様子で仲よくやってきて、二匹は窓辺にちょこんと並んで座りました。

そして白黒の方の猫が、私に向かって招き猫のように思いっきり手を振りかざしたのです。その手には火傷をした跡があり、開かないグーのような形をし

ていました。火傷の手を持つ招き猫です。どこかで見覚えのある姿……。

そして、「あっ」と気付いたのです。その白黒猫は、もうずっと前、二十代はじめの頃によくきていた〝おやじ〟と名づけた野良猫でした。火傷の傷は、心無い人に熱湯をかけられた時にできたものです。さらによく見ると、白黒猫と一緒にきた白い猫は、交通事故で亡くなったあのオッドアイの福ちゃんでした。

その二匹が、早朝の夢の中で霊界に現れたのです。おやじと福ちゃんの生きていた時代は十数年も違うのに、二匹は霊界で意気投合したのか、ニコニコしながら嬉しそうにして一緒に出てきていました。

なぜ、この二匹が霊界から会いにきてくれたのか。私には、その理由がわかっていました。それは、その時に心を痛めるような出来事があって、非常に落ち込んでいたからでしょう。

私が、こんなふうに落ち込むというのは最近では珍しいことでした。どちらも不幸な死に方をした二匹は、そんな私を元気付けようとして夢に出てきたのです。

そのことがあってから、遠い昔、人にいじめられ虐待されながらも一匹狼で強く生きていた白黒のおやじ猫のことをずっと思い出していました。

おやじと名づけた白黒猫は、黒が多くヒゲがピンっと立った紳士を思わせる風貌で、とても立派なタキシード猫でした。ちょうど二十代前半で、私が病気療養している時に急にふらりと現れたのです。もともときれいな猫だったので、きっとどこかで飼われていたのに、不本意にも捨てられて野良猫になったのでしょう。そのせいで人間不信になったのか、本当に全く人を信じない猫でした。

当時は私が毎日ご飯を与えていましたが、かなり体の大きいオス猫であったために、ご飯が足りない時はあちこちの残飯をあさり、時には、近所のつながれた犬のご飯を狙って、器の反対側からすれすれのところでドッグフードを食べるような知能犯でもありました。ものすごく賢い、ＩＱの高い猫でした。こうして毎日顔を合わせているうちに、おやじ猫とは、少しずつ仲良くなっていったのです。

おやつの時には窓辺にきて、ちゃっかりいつも待っていました。でも、それほど仲良くなったにもかかわらず、思い出してみても、おやじ猫には一回か二回しか触った記憶がありません。おやじ猫は油断することが全くない猫でした。それでも、心と心は通じ合っていたと思います。

おやじ猫は、決して媚びることのない生粋の一匹狼で、かっこいい野良猫でありました。誰にも甘えることなく、いつも自分の決めた道を突っ走って生きていました。当時、病気療養中だった私にとって、そのおやじ猫の姿はとても力強いヒーローであり、心の支えになっていました。かっこいいおやじ猫が、大好きでした。

そんな警戒心の強いおやじ猫にも、受難の出来事はたくさんありました。ある日、毒饅頭を食べてしまい、顔がパンパンに腫れた痛々しい姿で命からがら耐え抜いて、ようやく生きていたことがありました。

また、心無い人に熱湯をかけられ、逃げ遅れて大火傷を負ってしまったこともありました。その時の火傷がもとで、おやじ猫の前足は指がくっついてグーをしたような形になってしまったのです。それでもおやじ猫は、どんな仕打ちにも負けないで、一生懸命ひとりで生きていたものでした。その力強い不屈の姿は、病弱でくじけそうな私の心にいつも勇気を与えてくれていました。

そうして三年くらいは家の周りによくいましたが、だんだん痩せてきてから、パタッと姿を見せなくなってしまいました。その後は、可哀相にすぐ死んだのかもしれません。

私のヒーローだったおやじ猫がこなくなって、励みがなくなり、なんだかとても寂しくなってしまいました。それからも、野良猫を拾っては飼っていましたので、おやじ猫のことは、だんだん記憶から薄れていきました。


では、なぜこんなに月日が経ってから、おやじ猫と福ちゃんは、夢の中での霊界を通して、私の前に現れてくれたのでしょうか。

それは、明らかに私を励まして勇気づけるためであったと確信しています。

当時は、鑑定の仕事で自宅のある山口と東京を行ったり来たりする生活が始まって一年が経ち、それに伴って周囲でも様々なことが重なって全てが嫌になり、この仕事を辞めようかと考えている時でした。というより、臆病になって、全てのことから逃げようとしていました。

おやじ猫は、そんな私を励ますために出てきてくれたのです。

時空を超えて励ましにやってきた二匹

この世に生きていた時には苦労が多く、修行の連続だったせいか、おやじ猫の後ろにははっきりとオーラのような後光が見えました。人に裏切られて虐待を受け、人間嫌いだったはずなのに、恨みや悲しみの影ではない力強く輝くオーラを背負っていたのです。おやじ猫は、きっと私にしか可愛がられて愛された記憶はなかったと思います。だからこそ、私が困って悩んでいるときに、その恩返しとして出てきてくれたのでしょう。時空を飛び越えて、励まして恩返しをしようと霊界から駆けつけてくれたのです。

私は、人にひどいことをされても裏切られても、力強く生きていたおやじ猫のまっすぐな一生を鮮明に思い出していました。するとおやじ猫は、火傷した手で思いっきり大きく招いてメッセージを投げかけてきました。

「自分を信じてまっすぐ生き抜いたら、それでいいんじゃないか」

彼らしい力強い言葉に、私の心には一気に勇気が湧いてきました。感謝の気持ちがあふれて「本当にありがとう」と声をかけました。そして、これからいろいろなことを、また一からやりなおそうと決心したのです。

おやじ猫と福ちゃんの夢での出現は、忘れかけていた大事なことを思い出させてくれました。長い間、社会に出たくてもなかなか出ることができなかった自分は、ずっと弱い立場にあると思っていましたが、たくさんのことを一つ一つ克服していって、今は社会のなかで何とか生きています。

いろいろな人に助けられてきましたが、自分よりもっと弱い立場にある動物たちにもずっと支えられて助けられてきたから、今の自分があるのだということをしみじみと思い返し、「これではいけない」と思えたのです。

「きっと何かまだやるべきことがたくさんある。自分しかできないことがいっぱい待っているんだ」と、何だか突然、ハッと目が覚めたように気付いたのです。

今まで、どんなに馬鹿にされても裏切られても、自分を信じて頑張ってきて、何とか乗り越えてきたじゃないか。一匹狼で精一杯生き抜いたおやじ猫の

招く火傷の手を見て、自分のこれまでの生き方と重ねました。そして、なぜかこれから何でもやれるような大きな自信が湧き、さらに自分が本来いるべき場所を、その招く火傷の手でようやく見つけた気がしたのです。

目が覚めて起きてみると、ずっと頭を悩ませていたことも、なんだかバカらしいと思えるようになっていました。

もし誰にもわかってもらえなくても、自分で納得して行動して結果を出せばそれでいいんだ。自分のすべてを出し切ってからが、ようやく人生の勝負の始まりなのだ。今はまだ、中途半端で何もやり切っていないじゃないか。生きている間にやれることを、思いっきり精一杯やり切ってみようと、とても前向きな気持ちになってきました。

自分なりに精一杯生き抜いたおやじ猫と福ちゃんは、はるばると時空を超えて私を励ましに、勇気と希望を与えるためにやってきてくれたのです。

第二章

亡くした動物たちからのメッセージ

可愛がってくれた飼い主を忘れることは決してない

人間をはじめすべての動物たちには〝心〟があって〝魂〟を持ちあわせています。そして、生きている時だけでなく、亡くなってしまった動物たちにも魂はもちろん残ります。

魂同士のやりとりである想念伝達ならば、生きている動物と同様に、亡くなった動物ともある程度の会話が可能です。魂は永遠ですから、亡くなってしまった動物たちと、テレパシーのような想念伝達で交信することができるのです。

ただし、生きている動物と違って、亡くなってしまった動物との交信の場合は、死後どのくらいかにもよりますが、できないこともあります。交信できない理由はいろいろあると思いますが、「再び生まれ変わったから」というのが大きな理由に挙げられるかもしれません。

死後どのくらいまで交信可能であるかは、時と場合で違ってきます。私の経験によりますと、霊界にいるのは数年程度が一般的のようですが、何十年も霊界にいるという場合もあり、一概には言えません。亡くなって生まれ変わっても、魂は永遠なのです。

皆さんが一番気になるのは、亡くなってしまったペットがどうなっているのかということではないでしょうか？

動物たちは、可愛がってくれた飼い主を忘れることは、決してありません。生きている時に大事に可愛がってもらった動物たちは、亡くなった後も飼い主に対して「可愛がってくれてありがとう」という感謝の気持ちを訴えかけています。そして目には見えなくても、傍にいて飼い主を優しく温かく見守っています。

亡くなっても魂は永遠であり、愛は永遠に続くものです。亡くなっても飼い主とペットの心の絆は、永遠なのです。

人間と共存する動物たちの使命と役割

この地球上には動物や植物など様々な生物が存在していて、お互いに助け合い支え合いながら、人間とも共存して生きています。

動物たちには、それぞれみんなに必ず役割があって、使命を持って生まれてくるのです。

この世で一緒に過ごす動物たちは、種の違いを乗り越えて、私たち人間を支えてくれることが現実的にたくさんあります。

彼らの存在が、精神的にも大きな心の支えとなってくれることも多いでしょう。動物たちは無償の愛で、我々に精神的な癒しと勇気や希望を与えてくれます。例えば、いつも傍にいてくれたペットなど「この子が一緒にいなければ、きっと乗り越えられなかっただろう」というような経験をされている方もたくさんいらっしゃると思います。

私たちに身近な動物は、人間と比べると、基本的に平均寿命がかなり短いものです。動物たちの一生の一部始終を、飼い主が見届けるということがほとんどでしょう。ということは、彼らにとって、最も身近な存在である飼い主という人間の存在がすべてなのです。

人間より寿命の短い彼らは、その一生を通じて、嘘偽りのない一生懸命でまっすぐな生き様を、はっきりと見せてくれます。身近な動物たちの一生を通して、生きることの意義、命の素晴らしさ、真の信頼関係、無条件の愛など、たくさんのことを教えられることでしょう。

ご縁のある動物たちが輪廻で生まれ変わってきて、再びご縁のある人の身近に存在し、助け合って共に過ごしていく、ということは実際にあります。

特に身近な動物たちは、我々を傍で守り支えていくという使命を持って生まれているのでしょう。

もちろん人間の方が、この地球においては、弱い立場にいる動物たちを守っていかなければなりませんが、動物たちもそれぞれ使命と役割を持って、私たち人間と助け合いながら、一緒に支え合って生きていくのです。

これから、人間と共存する動物たちの使命と役割について、私を通して伝わってきた霊界からの彼らのメッセージとともに、お聞きした体験談をもとに具体的にお話ししていきましょう。

チャコの命を懸けた恩返し

二〇一〇年秋に私は脳梗塞で二回倒れて、入院して治療をしました。しかし以前から患っている自己免疫疾患の難病が、脳梗塞のせいでかなり悪化してしまいました。退院してからも、毎日三九℃くらいの高熱が続いてほとんど寝込むような状態でした。

脳梗塞で倒れたちょうど一年後の二〇一一年九月二日、全く動けなくなって、救急病院に運ばれてしまいました。そのときの状態は、高熱により身体中が火傷のように真っ赤に爛れて、意識も朦朧として生死をさまようような危険な状態でした。

すぐに劇薬の抗炎症剤（ステロイド）の大量投与により、三日間連続で集中治療を受けました。この度の集中治療は、一日目から非常によく効いて、熱も平熱三六・五℃くらいに下がり、身体中の爛れた皮膚も綺麗になってきて、急激に回復していったのです。

少しずつ元気になった私は、本の執筆をしたり、パワーストーンのブレスレットを作ったりと、かなり体力もできてきました。

十年間ずっと私のそばにいる猫のチャコちゃんとプーちゃんを始め、他にも野良猫やタヌキ一家といつも一緒にいました。みんな私を守ってくれる応援団でした。

その中でも、特にチャコちゃんはいつも私を支えてくれていましたので、〝応援団長チャコちゃん〟として、ブログにもその様子をよく載せていました。

本書の元になった私の一冊目の本の表紙は、観音様の後光がバックになったチャコの姿で、読者の皆さんにも愛されていました。

ところが九月末になり、このチャコの体調が突然に悪くなってきたことに気付きます。チャコは今まで病気ひとつしたことのない丈夫な猫で、すぐに治ると安易に考えていました。

一〇月になり、チャコの具合はさらに悪くなっていきました。全く動くこともなく、何も食べず、ほとんど寝たきり状態になっていきました。絶対治ると信じて、ほとんど毎日動物病院に通って、集中的に注射や点滴をしてもらっていました。ステロイドと抗生物質の注射とビタミンなど栄養と水分補給の点滴など徹底した治療が続きます。

それでもチャコはだんだん弱ってきて意識も朦朧としているようでした。このとき、がむしゃらにチャコを治すことしか頭になかった私は、一瞬あることが脳裏に浮かびました。

それは、もしかしてチャコが、私の業を背負っているのではないかということです。ふり返って考えてみたら、チャコの治療に使っている薬が、高熱続きのときの私のものとほとんどいっしょだったのですから。

「ワタシが身代りに、すべてをあの世に持っていってあげる」

チャコは、ほんの二週間くらい前まで病気一つしない元気な猫だったのです。いままで、いろいろな修羅場がありましたが、特にチャコは、一〇年間ずっと一緒に頑張ってきました。父が亡くなったときも、私が車にはねられて頭蓋骨折して自宅療養したときも、脳梗塞のときもずっと支えて立ち直らせてくれた、神が授けてくれた猫なのですから。

絶対チャコは治ると自分に言い聞かせて、それから一週間、毎日点滴と注射に、通い続けました。

ところがある日、チャコは私の顔を見て一生忘れられないことを言ったのです。

「もういいのよ。ワタシが代わりに、すべてをあの世にすべてを持っていってあげる！　これからは、元気になって 精一杯頑張ってやりたいことやって生きていくのよ」と。

チャコは私の身代わりに体当たりで自らの命を差し出そうとしている。もう時間がないのだ！　私は治療を終えると、すぐにチャコと一緒に車に乗って家に帰りました。

あせる気持ちで車から降りたとき、チャコは私の手の中からあっという間に林の中に驚くほどのスピードで走っていってしまったのです。

それからの私は毎日、林の中を探して歩きましたが、どこにもいませんでした。まるで神隠しにあったようでした。突然の出来事にショックを受け、悲しみのどん底に落ちてしまいました。

チャコは人目につかないように一人で死のうとしているに違いない。もう神さまに頼むしかないと、裏の林の中にある馬頭観音様に毎朝、チャコが返ってくるように祈り続けました。

馬頭観音様に毎朝お参りしていますと、いつもタマミちゃんという猫が、どこからともなく必ずやって来て、一緒にお参りしてくれるのです。

そのとき神からの伝言がありました。

「この猫が、そなたの願いを叶えてくれるであろう」と。

そして、驚くことにチャコが行方不明になってから五日目に、神の言葉は本当に実現したのです。

その日の夕方、表の田んぼの中にタマミちゃんがおり、よく見ますと、その横にチャコがうずくまっているではありませんか。急いで走って田んぼの中に入って、チャコを抱きかかえて家に連れて帰りました。

神のお告げどおり、タマミは、チャコを連れ戻してくれました。これは、奇蹟としか言いようがありません。タマミのおかげで、もう一度チャコが帰ってきてくれたことがうれしくて、感謝するばかりでした。

それから数日後、チャコは、眠るようにして亡くなってしまいました。タマミが、チャコを連れて帰ってきてくれたおかげで、家で亡くなって、亡骸も裏の林に埋めることができました。それだけでも、とても有難いことでした。

チャコが亡くなったその後も、タマミは、いつも私について来てくれて、チャコの代わりに私を守っていてくれているかのようでした。

脳梗塞の身代わりとなったタマミちゃん

二〇一三年二月のバレンタインデーの日、頭をハンマーで殴られるような、おそろしく、悲しい出来事が起こりました。

タマミそっくりの猫が前の道路で跳ねられて死んでいる、と近所のオバさんから、自宅の母に連絡があって、母がその猫を見に行ったそうです。母は、高

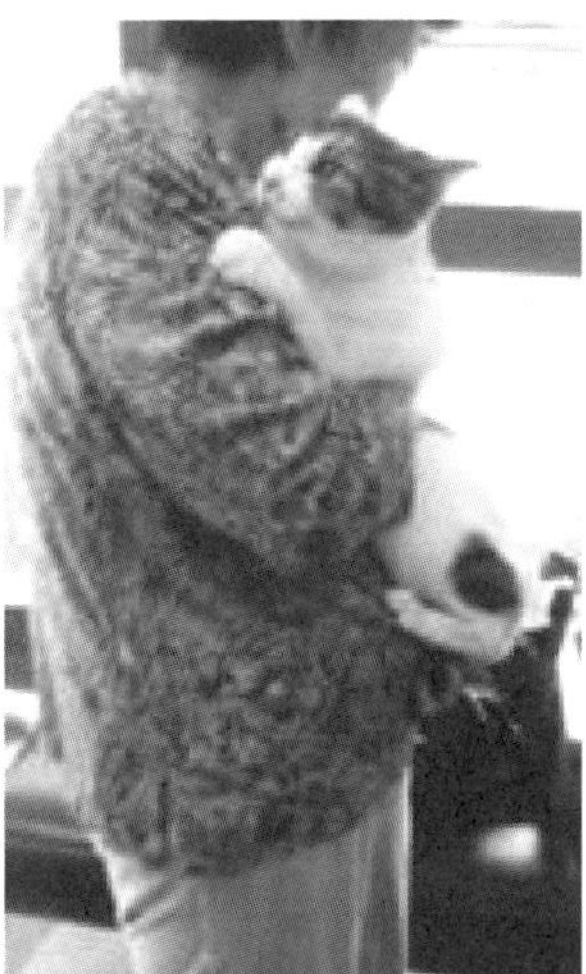

齢のせいか、一日横たわっている猫を見て、「タマミではない」といって、そのまま、道路の横において帰ってきたそうです。

その日は一日中家におらず、何も知らない私は、猫の話を、帰って夜中に聞かされます。

一四日は、朝一〇時くらいまでタマミと一緒に寝ており、それから私も出かけてそれ以降、タマミは帰ってこないのです。

翌日、タマミではないことを願いながら、急いで、交通事故にあった猫がいるという道路に走っていきました。木の横に寝かせたと母は言っていましたが、そこに行っても猫はいませんでした。

というのは、その前の家の人が、昨日野良猫が跳ねられていると市役所に連絡して取りに来てもらったと聞かされました。

タマミは生ゴミになってしまったのだと思うと、倒れそうなくらいショックを受けました。母が、タマミではないと言わなかったら、すぐに自分に知らせてくれたら、亡骸を家に連れて帰れたのに。そして、自分が、その日に限って一日中いなかったことに憤りを感じて精神的におかしくなりそうでした。

すると、フッとタマミが眼の前を横切っていく姿が見えました。タマミは本当に亡くなったのだ。そのときそう実感しました。

タマミちゃんは、私が脳梗塞で倒れたときの二〇一〇年秋に、突然にやってきました。亡くなった猫は、頭を強く打って、目が飛び出し、頭だけぐちゃぐちゃだったそうです。もしかすると、また私の業を背負ってしまったのか…。タマミは敏捷な猫で、交通事故なんて絶対ありえない。まだ四歳くらいなのに、なんてこと。

チャコの亡骸を裏の林に埋めることができたのはタマミのお陰であり、その代わりにタマミの亡骸は裏に一緒に埋葬できなかった。

でもタマミは、事故で亡くなった直後に近所のオバサンがたまたまその現場を通るということで私に、自分が亡くなったということをそれとなく伝えてくれたのだと思います。そうでなかったら、私は毎日、タマミを探し歩いていたでしょう。

タイミングのずれでタマミちゃんの亡骸に出会えなかったことは、もしかすると、私が心配するからではないのか？　自分が死んだことだけを伝えるようにして、無残な亡骸を見せたくなかったのではなかったのかとそんな気がしてならないのです。

急に降りかかった信じられない出来事に、心の整理が全然つかず、何も考えられず悲しみに打ちひしがれてしまいました。あまりに悲しすぎて、突然、耳が聞こえなくなったりもしました。

自分のことはまだしも、つらすぎることが多く、ペットロスを通り超えた精神状態に陥りました。次々亡くなっていく猫たちのことを考えると、とても不憫で、もう何もかも全てが嫌になってしまいました。

それから約一カ月後、定期的な診察で病院へ行った時のことです。そこで奇蹟が起こります。そのときの脳外科の診察で、一応、脳梗塞は落ち着いて治っている。だから、なんとここで、脳外科の二年半にわたった治療が終わることになったのです。

この時、タマミが、交通事故で頭に大怪我をし、亡くなってしまって、私の頭の病気を完全に持っていってくれたということをはっきり実感できたのでした。

これは、タマミが自ら体当たりで、身代わりとなったということにほかなりません。

チャコとタマミは亡くなっても、ずっと一緒にいてくれる

診察が終わった日の夜中、気が抜けたせいか、急に高熱が出て身体中の節々が痛くなり意識がモウロウとしていました。そんなとき、夢か現実かよくわからない世界でタマミちゃんが布団の中にスッと入ってきたのです。

と思ったとたん、タマミは布団から出て、台所に走っていきました。タマミを追いかけますと、ストーブの前でいつものようにおどけたような格好をして遊んでいました。

私は、タマミを抱きかかえ話しかけました。

「タマミちゃん、チャコが亡くなってから、一緒に力を合わせて頑張ってきたじゃないの。どこにも行かないで。これからもずっと一緒にいてよ」

すると「治って良かったね。これからもずっと見守っているから大丈夫よ」

という想念がタマミから来ました。そして、とっても嬉しそうな満足そうな顔をして、走って眩い光の中に消え去っていきました。

ハッと目が覚めると、朝の五時。四〇℃近くあった熱は、下がっていました。そのとき、タマミが霊界からお別れにきたことがわかりました。この世での私のお役目は終えたのよ。そんな感じがひしひしと伝わってきました。

愛する猫たちが亡くなってしまっても、可愛がってくれた大好きな飼い主のことを決して忘れることはありません。亡くなって肉体は滅びて目に見えなくなってしまっても、愛が消えることは決してないのです。チャコとタマミは体当たりで私を助けてくれました。

使命を終えて亡くなってからもまだ、あの世から心配してくれていることに、感謝しても、し尽くせるものではありません。

チャコとタマミはこの出来事を通して、魂は永遠であり、愛は不滅なのだということを証明してくれたのだと思います。愛する動物たちを失ってしまっても、心の絆は永遠に消えることはないのです。

目が覚めてから、私は、タマミが裏の林から突然走ってやってきた、最初に

出会ったことのことをずっと思い出していました。季節は秋で、裏の真っ黄色の菊の花が満開の時でした。出会ったときからとっても人なつこく、運命のようなものを感じて、一瞬で仲良しになりました。黄色の菊の花を見ると、タマミとの不思議な出会いと一緒に力を合わせて生きてきたことを思い出し、涙が溢れてきます。

タマミとチャコは亡くなってしまっても、いつも一緒にいてくれる。だから、何があっても精一杯生きていかなくてはいけないと、そう自分に言い聞かせるようにしています。

人生の大きな転機となった老犬タロウとの出会い

知人のDさんの息子さんの、老犬タロウとのとても切ないけれど感動的なお話です。

Dさんの息子さんのK君は、文系の大学を卒業して一流企業に就職しましたが、人間関係がうまくいかず、すぐに仕事を辞めてしまいました。それからというもの、全く自分に自信がなくなってしまって、誰とも口を利かず、自分の部屋に閉じこもりきりになってしまったそうです。

Dさんはそんな息子がとても心配でしたが、どうしてよいか全くわからず、いつかどうにかなるだろうとそのままにしていました。

そんな引きこもりの生活が続いたある日、一匹の大きな白い犬が、Dさんのお宅に迷い込んできました。見るからにヨボヨボで、歯もほとんどないおじいちゃん犬でした。歯がないので、吠えても空気が抜けたような「ワフッ」という気が抜ける吠え方しかできません。

ところがK君は、このおじいちゃん犬を、なぜかたいそう気に入って〝タロウ〟と名付け、とても可愛がるようになりました。

そしてタロウが家に迷い込んできた日から、息子さんは部屋の中に閉じこもることがだんだん減ってきたそうです。散歩もK君がいつも自分で行っていて、外にも出るようになりました。かわいそうに心ない飼い主に捨てられてしまったらしいタロウも、最初は警戒していましたが、やがてなついたそうです。

タロウとK君は、兄弟のようにとても仲良くなって、いつも一緒にいました。K君は立派な犬小屋を造ってやり、それはタロウの大のお気に入りの家となりました。

K君は、タロウによく話しかけていました。「おまえも、簡単に裏切られて捨てられたんだな。ボクたちは社会から外れた似たもの同士だ。落ちこぼれ同士で仲良くしようね」などと、まるで友達と話すように会話していました。

Dさんは、タロウとの会話を聞いて、自分ではどうしようもない、社会からの疎外感でいっぱいの息子の心情を理解していたのですが、何もしてやれず複雑な気持ちになったそうです。

でも、そのうちに「ボクたち、頑張って、馬鹿にしていったヤツらを見返してやろうよ」というふうに、タロウとの会話は以前と違って、だんだん前向きなものに変わってきていました。

タロウはとても立派な真っ赤な大きな首輪をしていました。この赤い首輪は、K君が運気が上がるからと言って、ペットショップで一目見て気に入って買ってきたものでした。K君は、タロウを心の支えにして、一緒に頑張って、

もう一度人生をやり直そうとしていたのです。

それから一年が過ぎたころから、タロウはだんだん元気がなくなってきて、犬小屋の中でほとんど寝て暮らすようになってしまいます。立ち上がることもほとんどなく、散歩に行くこともできなくなってしまいました。もともと迷い込んできた時から、見るからにヨボヨボの高齢犬でしたので、すぐにこうなることはわかっていました。

K君は、どうにかタロウを元気にさせようと、一生懸命に世話をしていました。しかし、とうとう何も食べなくなってしまいます。どうにかして食べさせて少しでも精を付けてやろうと、何かタロウが喜んで食べそうな美味しい食べ物を買いに行きました。

帰ってみると、犬小屋の中にいつも寝ているタロウがいません。「タロウ！」大声で呼んでも、あたりを見回しても、どこにも見当たりません。それから毎日、狂ったようにタロウを探し続けましたが、タロウはどこにもいませんでした。

Dさんは「タロウは、あなたに心配をかけさせまいと思って、人目につかないようなところで亡くなったのよ」と息子に何度も言って説得しようとしましたが、K君は全く聞かず、毎日ただひたすらにタロウを探しに行ったのでした。

タロウの赤い首輪

それから一週間後、フラフラした足取りで、K君はまたタロウを探しに行きます。

Dさんの目から見ても、その頃のK君はもう正気とは思えない姿で、痩せて青白い顔をしており、とても心配でしたが、止めても言うことを聞かないので、そのまま好きなように探させていました。でもその日はなぜか、とても不安な感じがして、息子の後を気付かれないようにそっと付いて行きました。

K君がフラフラした足取りで歩いていると、どこかで「ワフッ！」という空気が抜けたような、聞きなれたなつかしい声がしてきます。それは間違いなく、タロウの鳴き声でした。「タロウだ！」と声のした方向に行ってみると、電柱の陰にタロウの姿がありました。

「タロウ！　なんだ、やっぱり生きていたのか！　良かった!!」と声をかけて、タロウのところに走っていきます。しかしタロウは、猛烈なスピードで走って逃げていくのです。

K君も、ものすごい速度で走ってタロウに追いつこうとします。そうしてタロウを追いかけて一キロぐらい走ったところで、大きな川に着きました。するとタロウは、その川の中にどんどん入っていって、そしてスッと消えていきました。

K君は、なぜタロウが川に入ったのかはわかりませんでしたが、とにかくタロウの行く方向に行かなければと思って、そのまま後に付いて川の中に入っていきました。

その頃、Dさんは息子を追いかけてようやく川に着きました。それは、フラフラと歩いていたK君が急に走り出したので、何が何だかわからないけれど追いかけて、ようやくたどり着いたのでした。つまり、Dさんにはタロウは全く見えていなかったのです。

おかしい。息子が川の中に入って行っている。

Dさんは、川岸からK君に向かって「帰ってきなさい！」と大声で呼び止めました。ところがK君には全くそれが聞こえないようで、川の中で何かを一心不乱に探しています。

K君は、何だか近くにタロウの気配を感じて、川の中の藻をバシャバシャとかき分けながら進んで行きました。すると、すぐ近くの藻の中にあった赤い物体が目の中に飛び込んできました。何だろうと思いながら、押し寄せてくる不安とともに藻をかき分けた彼は、ある物を目にして愕然としました。

なぜならそれは、自分がタロウに買ってやった真っ赤な首輪だったからです。タロウの体は、川の中に沈んで藻の中に隠れていました。

「ワァ〜ッ！」と、K君はその場で号泣しました。「タロウ、お前がいなきゃ、ボクは生きていても意味がないんだよ、これからどうすりゃいいんだよ」と、ずっと泣き崩れていました。

Dさんは、ようやく川に入って、K君の所に行くことができました。そこに

は、赤い首輪を着けたタロウの亡骸が横たわっていました。タロウは、心配させないようにとせっかく隠れて死んだのに、息子があまりに探すから、自分が亡くなったという現実を知らせなければいけないと思ったのだろうと、霊感の強いDさんはすぐに理解できたそうです。

では、タロウはなぜ一キロも離れた川の中で亡くなっていたのでしょうか。それはたぶん、Dさんの家の前の草に囲まれた小さい川を、タロウが死に場所として選んだからでしょう。その後に降った雨のせいで思いがけず川の水が増して、下流の大きい川まで流されたのだと考えられました。

Dさんは、K君をタロウの亡骸と一緒に連れて帰りました。それから、息子の気が済むようにきちんとタロウの葬儀をしてやりました。赤い首輪は、タロウの大事な形見として取っておき、祭壇に置くことにしました。

見守られて達成した新しい人生の目標

タロウをきちんと葬ってから、K君はタロウの夢を見ました。タロウは夢の中で「俺がいなくても、おまえさんはもう大丈夫さ。何かあった時には、必ず出てきて助けてやるから、安心しろよ」と言ったそうです。

その夢を見てから、なぜか急に「自分は今まで一体何をしていたんだろう。何かしなくてはいけないことが必ずある」と心の底から思ったそうです。それから目が覚めたように、K君の言動はこれまでと全く変わったものとなってきました。そして自分が何をしたいのか、もう一度真剣に考えたそうです。

K君はもう一度大学に入って人生をやり直そうと、思いきって予備校へ通い受験勉強を始めました。その後、彼は猛烈な努力を続け、その甲斐あって三年にわたるチャレンジの末、三十歳になった時に医学部に入学したのでした。将来は、外科医になって、たくさんの人の命を救いたいと、いきいきと目を輝かせて話します。その姿には昔の引きこもりの時の影は、もうどこにもありません。

彼は、「人生はやり直そうと思ったらいつでもやり直せる」と確信を持って宣言します。「ただし立ち直るには、相当大きなきっかけと心の支えが必要かもしれない」とも言い、自分が人生の転機を迎えて、やり直すきっかけとなったのは、もちろんタロウとの出会いだと言い切ります。人生がどん底の時にタロウと出会って、どんなに慰められて勇気づけられたことか。

タロウは亡くなった今でも、K君の心の支えとなっています。試験の時や、何か困ったことがあった時には、いつもタロウの赤い首輪にお願いするそうです。すると自然に、不思議なほど良い方向に解決していくのだそうです。

私は、その話を聞きながら、赤い首輪をしたタロウが、霊界でとても満足げな嬉しそうな顔をして、K君を見守っている姿がはっきりと視えました。

タロウは、自信をなくして自分を見失っているK君の所に、「考え方を前向きにして、人生の転機をもたらす」という大きな使命を持ってやってきたのです。そして、亡くなってからも、その使命を果たすように、タロウはいつまでも霊界で温かく見守っているのでした。

ジェイコブス・ラダー　天国への階段

これは、つい最近、臨死体験で霊界へ行った自分自身の不思議な体験です。

鑑定の仕事を始めて一年四カ月が過ぎ、たくさんの方が支えになってくださってようやく仕事も軌道に乗り、さらには、自分が人生で一番したかった待望の本の出版も決まり、私は忙しいながらも充実した毎日を送っていました。

そんな多忙な日々を送っていた二〇一〇年の四月の終わり頃、私は突然、左胸に激痛が走って倒れてしまいました。病院で心電図など心臓の検査をしましたら、頻脈に伴う心房細動ということでした。いわゆる過労によって、心臓発作が起こってしまったのです。

精神的にはタフにできており、何が起こってもあまり動じないので「心臓に毛が生えている」なんて言われていて、心臓だけは大丈夫と思っていましたが、過労は何を引き起こすかわかりません。

それから一カ月ほど十分に休養して、何事もなく良くなりましたが、ただ、その心臓発作で意識が薄れかけていた時に、これまで経験したことのない、とても不思議な臨死体験をしたのです。

胸が締め付けられて苦しいまま横になって、自分の部屋で寝ていましたら、ウトウトしてきました。気が付くと景色が一瞬にして、広々とした美しいお花畑に変わっていました。これは「霊界にきたのだ」と、状況を見てすぐにわかりました。

あたりの景色をよく見ると、緑あふれる草原のような場所に白を中心とした花が咲き乱れるお花畑が広がり、横には大きな浅い川がある湿地帯のようです。やっぱり、ここは霊界だと確信し、「あぁ、自分の人生もこれでとうとう終わりなのか」と、その時は本気で覚悟しました。今いる所は霊界だとわかっていながら、何となく心を決めたような気持ちになってきて、景色を見回しながら歩いていました。

ゆっくり川沿いを歩いていますと、湿地帯の草がたくさん生えている辺りから、強烈に射すようなたくさんの視線を感じます。何か言いたそうな強い想念がビシビシ伝わってくるのです。だんだん気持ちが悪くなってきましたが、視線には全く気づかないフリをして、歩いていました。

その時、雲の隙間から目のくらむような、一筋のまばゆい光が差し込んできたのです。光は雲の切れ間から放射状に広がり、まるで天から地上へ降り注ぐかのように見えました。光の方へ近づいてよく見ますと、地上に向かって降り注ぐように見えたのは、光に輝く一挺のはしごが天から地に向けて架けられたものでした。

この、天から差し込む光の筋でできたはしごを見て、すぐにこれは〝ヤコブのはしご〟と呼ばれるものではないかと思いました。〝ヤコブのはしご〟とは、英語でジェイコブズ・ラダー（Jacob's Ladder）と言われるものです。Jacob（ジェイコブ）とはヘブライ語で言うヤコブを意味しています。私はクリスチャンではありませんので詳しいことはよくわかりませんが、天国への階段のようなものだと勝手に解釈しています。

旧約聖書によりますと、ジェイコブス・ラダーとは、ヤコブが夢に見た「地上から天まで届いているはしご」のことであり、私が臨死体験で見たこの光のはしごも、天国への階段だったと自分では理解しています。

私をめがけて追いかけてきた無数の犬の集団

「もしかしたら、この光のはしごを登って行けば、今いる霊界からこの世に再び戻れるかもしれない」と、その時フッと思いました。私ははしごを目指し、草むらの視線の主に気付かれないようにゆっくりと近づいていきました。そして、光のはしごのたもとまでたどり着いたのです。近くでよく見ると、はしごに見えたものは天まで届く階段となっていました。「これは、天国への階段に違いない、霊界からきっとこの世に通じているはずだ」と思って、私はこの階段をものすごい勢いで駆け上がり始めました。

すると、やはり草の陰からジッと見ていた無数の何かが、勢いよく飛び出してきて猛烈な勢いで次々追いかけてきます。私は恐ろしくなって速度を上げ、追いつかれないようにダッシュで階段を駆け昇っていきました。

恐る恐る後ろを振り返って、よく見てみると、追いかけてきた無数の何かはなんと犬の集団だったのです。いろいろな種類の犬が、私をめがけて猛烈な勢いで階段を昇り、追いかけてくるではありませんか。なぜこちらに向かって犬が追いかけてくるのだろうか。

私は理由がわからないまま、「とにかくこの階段を昇りきらないとこの世に戻れない」と思い、さらに速度をあげて階段を駆け上がって行きました。階段は上に行くほど光が強くなって、どんどん眩しくなっていきます。

私の後ろには、依然としてたくさんの犬が続き、次々に階段を駆け上がってはすごい勢いで追っかけてきます。ただ、階段もかなり上の方まで登ってきたらしく、私の周りはまばゆい光でいっぱいになってきました。

ものすごいスピードのまま走り昇ってくる犬たちは、不思議なことに上のほうまできても、天からの強い光を浴びると、シュッシュッと次々消えていくのです。これを見て、「霊界の犬たちはこの世に行きたくても行かれないのだ」と思いました。

白いプードルの大粒の涙

ようやく長い階段を昇りきって外に出ますと、キラキラした光に包まれたとても明るい空間に突入しました。「やった。ようやくこの世に戻れる」そう思って喜んで階段から飛び出て、走り去ろうとしたその時、「ちょっと待って！」と声がしてきました。

もう一度、振り返って霊界への光の階段の出口のところを見ましたら、一匹の大きな白いプードルがちょこんと座っていました。追いかけてきた他の犬たちは、階段を昇りきるまでに消えてしまったけれど、このプードルだけは出口までくることができたようでした。

つぶらな瞳をしたこのプードルは、何か言いたげにジッとこちらを凝視しています。何とも言えない優しさをたたえた、そしてとても懐かしい眼。その時すぐには思い出せませんでしたが、「この眼は、どこかで必ず見たことがある眼だ」と感じました。

その白いプードルは、階段の出口のところまでが限界のようで、それから先はもうくることができない様子でした。そして、私に向かってこう言ったのです。

「私は何も悪いことをしていない。ずっといい子にしていた。それなのにどうしてこんなことになるのか教えてほしい。ここには、同じような仲間がいっぱいいるのよ」と。何を言いたいのかよくわからないまま、私は白いプードルの話を聞き続けました。

「あなたは、私たち犬の気持ちがわかって理解できるでしょう。だから、この無念の気持ちをこれから伝えていってほしい」と眼に大粒の涙を溜めて話すのです。

そして、「あなたならできる。お願いね。まかせたわよ」と言って、私の手をペロッとなめました。そしてクルッと背中を向けて、霊界への光の階段を下って降りて行きました。

その瞬間、ハッと目が覚めて現実に戻りました。ベッドの中から外を見る

と、早朝の強い光が部屋中に差し込んでいました。そして窓から空を見ますと、雲の隙間から放射状に光が広がり、気象用語で言う〝薄明光線〟という現象が起こっていました。その雲の隙間から広がる光の筋はとても強く、まさに地上に向かって降り注いでいたのです。

「きっと、あの薄明光線の姿をしたヤコブの階段でこの世に戻れたんだろう」と思って、手を合わせて神様に心から感謝しました。

そして、あの白い大きなプードルは、どこで会ったことがあるのか、一生懸命思い出そうとしました。すると、雷に打たれたようなショックとともに、ある思い出が急にフラッシュバックしたのです。あの優しい眼は、絶対あの犬に間違いない。

霊界との入口で会った白いプードルは、私が六歳の時、住んでいたアパートの近くの公園で捨てられていた犬だとわかりました。当時はアパートだったので、犬を飼うことはどうしてもできませんでした。

私はいつも母と一緒に食べ物を持って、その公園へプードルに会いに行っていました。とてもなついていて、優しい目をした犬でした。私たちが行くと、

いつも嬉しそうにシッポを振って喜んでいたことをよく覚えています。

飼い主に無残に捨てられても、決して人を恨んだり、疑うことはありませんでした。

しかし、ある大雨の翌日、とても寒かったので心配して公園に行ってみましたら、やはり不安は的中していて、プードルは柳の木の下で亡くなっていたのです。

この悲しいプードルのことは、動物好きだった幼い私にとって、耐えられないくらいのとても辛い出来事でした。

「もし家で飼うことができていたら、きっとあの犬は助かって、幸せな一生を終えただろう。でも、結局はどうしようもなくて、こんなかわいそうな結果になってしまった。とてもいい子で、何も悪いことをしたわけではないのに。ちゃんと心を持って生きているのに、人間はあまりにも身勝手すぎる」

当時、子供心に、ずっとそんなことばかり考えていたことを思い出していました。

この衝撃の事実は、幼い心が受け止めるのには、あまりにも悲しすぎて無理でした。そして、自分なりに忘れようと努めて蓋をして、心の奥底に封じ込めていて、そのままずっかり忘れていたのです。

両親も、動物が大好きでしたので、この悲しい出来事があってから動物が飼えるような環境に住みたいと思ったそうです。その後すぐに、現在住んでいる田舎の一軒家へ引っ越してきたのでした。

今、この無念さを伝えてほしかったから

では、なぜこの白いプードルが、今頃になって出てきたのでしょうか？

それは、もしかすると私が、動物と想念伝達で会話ができるということをテーマにして、動物と人間との媒介という立場で、この本を書いている途中だったからではないかと思います。人間たちの身勝手で捨てられた動物の、どうしようもない無念さを伝えてほしいと、出てきたのかもしれません。

自分たちにはちゃんと心があって、一生懸命生きている。動物は、物ではない。いい子にしていたのに、どうしてそんな簡単に見捨ててしまうことができ

るのか。そんな身勝手な人間への憤りと理不尽さを、私に伝えて欲しかったのではないかと思うのです。

こうして、すっかり忘れていた小さい頃の悲しい事実を思い出して、いろんなことが頭の中を巡ってきました。

夢と現実の狭間で、臨死体験とともに霊界へ行って、霊界とこの世の間のヤコブの階段を昇りながら、私は忘れかけていたとても大切なことを、辛いけれど思い出すことができたのでした。

動物たちも、当たり前ですが、みんな人間と同じように心を持っています。そして、みんなが幸せになりたいと心から願っているのです。

私は貴重な臨死体験の中で、白いプードルの訴えかける眼を見て、自分の能力を使ってできること、また自分がこれからやらなくてはいけないことが、はっきりとわかってきました。

これからは、どうにか楽をして生きようとか、自分さえ良ければいいなんていう人生は考えられない。生きている限り、彼らの意思を伝えて、できる限り力にならなければ。どうせ、死んでまた生き返ったようなものだから、生まれ変わったつもりで初心に戻って頑張ってみよう。

なぜか心から、そんな前向きな気持ちになってどんどん元気が出てきました。

一連の霊界での出来事を振り返ってみると、あの時に再会した白いプードルは、明らかに波動が高く崇高に視えました。もしかすると、霊界の門番のような役割をしている神様の使いだったのかもしれないと後で考えました。

階段の出口でペロッと手を舐めたあの感触は、今でもはっきりと残っています。

でもなぜか、あのプードルはいつかあの階段を昇りきって、この世に飛び込んでくることができる。そして、きっと生まれ変わって私のそばにまた戻ってきてくれる、という不思議な確信があります。

もう一度この世でやり直して、今度こそは一緒に助け合って幸せに暮らせるような、どうしてもそんな気がしてならないのです。

第三章
動物は霊を視ている

犬があなたの背後に向かって異常に吠えることはありませんか

動物には人間よりも不思議な力が強く備わっていて、強い霊的な能力を持っているため、霊を自然に「視る」ことができます。人には何も見えないのに、飼っている猫や犬が、実は霊がいる所をジッと視ているということは、よく聞く話ではあります。

「今日は何か嫌なものを背負ってしまった気がする」という時、家に帰ると、ペットのワンちゃんが何もないはずのあなたの背後に向かって異常に吠えたりする、なんてことはありませんか。

動物が持っているスピリチュアルな能力は、言葉を持たない動物だから人間とは違う力があっても当たり前、と考えればなんの不思議でもないでしょう。その能力は、動物によって多少の差がありますが、大なり小なり、どの動物もある程度は持っているといってもよいと思います。

ペットとして身近な動物である犬と猫は、それぞれに性質が違うことから、同じ霊的なものを視たとしても行動が違ってきます。私の経験からすると、強い霊的なものを視た場合、単独行動派の習性がある猫は「ハーッ」と怒って逃げることが多いのですが、犬は吠えて霊に立ち向かうことが多いです。これは、正義感が強く危険を察知するというような、犬が本来持っている性質からきていると思われます。

猫は、犬のように〝誰かのために働く〟ことに向いていません。基本的に単独行動をする自己中心的な動物ですから、立ち向かうことを要求しても仕方がないですね。

昔『ゴースト』という有名な映画の中で、亡くなった恋人が霊として現れ、それを猫だけが気づいて「ハーッ」と怒って逃げるシーンがあったのを覚えています。これはそういう霊的なものに遭遇した場合の猫の行動を、わかりやすく表現していると思います。

犬も猫も霊を視た時の行動の違いはありますが、いずれにしても「霊を視ている」ということには変わりがないのです。

家の横にある大きな霊道

我が家に引っ越してから、三十年以上経ちますが、住めば住むほど不思議なスピリチュアルな場所であるということを実感しています。

両親に聞いた話ですと、この家は購入する時に、住宅の中で一番土地が広いのにとても安い物件だったそうですが、不思議なことに最後までここは売れることなく残っていたそうです。

しかも、土地は一〇八坪で、ちょうど煩悩の数であります。なぜこの家が売れなかったのか。もしかすると、きっとこのスピリチュアルな場所を理解できる私のような適性を持っている人間しか住むことを許されなかったのかもしれませんね。

その一番の大きな特徴として、家の横から裏の林の川沿いにかけて、大きな霊道があります。霊道というのは、あの世とこの世を結ぶ霊の通り道です。霊の通り道を霊道と言われても、普通は視えない世界ですので、わかりにくい概

念かもしれませんね。私個人の感覚として、霊道は霊が通る〝道〟と言うよりは、霊が通りやすい空間や部分と言った方が適切な表現なのかもしれません。たとえると、動物が通る獣道のように、自然にその場所を動物も人も通るようになって、やがてきちんとした山道となるような感覚が近いと思います。

しかし、よっぽど霊感の強い人でなければ、実際に霊道に霊が通っているかどうかはわからないでしょう。でも、犬や猫などの動物たちには、霊道を行く霊が視えて、霊聴が聞こえるために、通っているのが普通にわかるのです。特に感覚の強い犬は、霊道に霊が通ると、不審なものとみなして攻撃的に吠えつきます。

我が家の横の、霊道を挟んだ隣りのお宅に大型犬が三匹いますが、彼らも確かに視えているようです。私が夜中まで仕事をしている時に、地の底から響くような大きな霊聴が聞こえてきて、「あっ、今、霊道を霊が通っている」と気付いた瞬間、隣の犬たちが通っていく霊に向かって猛烈に吠えつく声が聞こえてきます。

うちで飼っているこげ茶色のプードルのプリンちゃんも、ムクッと起きて猛烈な勢いで窓辺に走って行って、霊道に向かって飛びついて吠えつきます。霊の見えない人間からみると、「誰か人でも通ったのか？」というような感じです。

深夜二時半頃によく霊が通りますが、そんな夜中に人が通るなんて、滅多なことではありません。霊の視えるワンちゃんと私にしかわからない、不思議な現象です。

私はいろいろな種類のアジサイを庭に植えていますが、ある日気付いたら、不思議なことにこの霊道の所は、ほとんどが真白のアジサイばかりでした。

さらに不思議なことに、家の横から裏の川を渡って林へと続く霊道の川沿いの所には、亡くなった父が植えた見事な彼岸花の群落があります。霊道は、家の横の白いアジサイから、この真っ赤な彼岸花へと通じています。「霊道だから」と意図したわけではありませんが、このような霊道のお花のあり方は無意識のうちに必然でできたものだと思っています。

この白いアジサイと赤い彼岸花の群落は、その霊道を通って行く霊に手向けるために咲かせたもの、と私は思っています。

また、この霊道を通って行くのは人だけでなく、亡くなった動物たちも皆、この霊道を通ってあの世へ駆け抜けていくのです。我が家の亡くなってしまった動物たちも、皆この霊道を通りぬけて、旅立っていきました。

裏の林にある不思議な馬頭観音様

我が家の横から裏の林にかけて通じる大きな霊道の中、家のすぐ裏に馬頭観音様の石碑があります。

馬頭観音とは、六観音の一尊にも数えられています。

平安時代に、六道の思想が説かれて、観世音菩薩を念じることで、悩み苦しみから逃れることができると信仰されました。そこで、六道に六体の観音様が担当の分担を決められました。

地獄道—千手観音　餓鬼道—聖観音　畜生道—馬頭観音

修羅道—十一面観音　人道—准てい観音　天道—如意輪観音

馬頭観音ははじめ、畜生道に落ちてしまった人の苦しみを救うための観音様だということで強く支持されていましたが、その後、飼育する馬や牛が安全で元気に働き、家の経済が向上するように願って牛馬の守護神、馬の神様として扱われるようになり、日常的な利益を願うようになりました。

畜生道に落ちた人を救うため、馬頭観音は悪との対決で、必要とあらば武力も使うために、剣や斧などの武器を持っています。衆生の無智や煩悩を取り除き、諸悪を叩き潰す菩薩です。

そのため馬頭観音としては珍しい忿怒《ふんぬ》（怒り）の姿をとっています。他の観音が女性的で穏やかな表情で表わされるのに対して、馬頭観音のみは特別で、目尻を吊り上げ、牙を剥き出した怖い顔をした忿怒相なのです。

また〝馬頭〟という名称から、民間信仰では馬の守護仏としても祀られますが、馬だけでなくあらゆる畜生類を救う観音ともされ、六観音としては畜生道を善に導いてご利益を与える観音とされています。

近世以降は、馬が急死した路傍や芝先（馬捨場）、河原などに馬頭観音像を建てることが多くなったといわれています。この場合には、像ではなく単なる

〝馬頭観音〟の文字を彫っただけの石碑であったりすることが多いそうですが、私の家の裏にある馬頭観音様も、そういったものかもしれません。

馬は働き手でもあり、大事な財産なので、無病や無事故を神でもある馬頭観音に願い、万一死亡した時、慰労や冥福を祈り供養するため、石で馬頭観世音と彫るようになったという歴史があります。

つまり、民間信仰における馬頭観音様は、家畜を救うための観音様であるというわけなのです。


馬頭観音様の石碑のところは、居心地がいいのでしょうね。よく飼い猫のチャコちゃんが日向ぼっこをしていました。小さい頃からずっと馬頭観音様の石碑にお花を供えたりして、ずっとお参りしていました。

どんなことがあっても馬頭観音様は、いつも温かく見守って下さいます。そして、お願いしたことは、振り返ってみますと不思議なことに大体いつも叶っています。この石碑は、私にとっての最強のパワースポットと言えるでしょう。

馬頭観音様は、ずっと私に語りかけて下さいます。「いつも、感謝の気持ちを忘れず謙虚でありなさい。そして、他人がどう思おうが何を言おうが自分の信じた道を精一杯生き抜くが良い」とおっしゃるのです。「そうすれば、おのずと道は開けるであろう」と。

この馬頭観音様の石碑のところで、チャコちゃんの写真を撮ると、不思議なとても神々しい朱色の光輪の写真がよく写りました。この朱色の光輪の写真は、観音様が現れてくださったと思って、ありがたく受け取っています。

霊道の中にある馬頭観音様も、非常にスピリチュアルで霊験あらたかな場所であることは、間違いありません。

最期に寄り添う猫・オスカーの話

『オスカー』（デイヴィッド・ドーサ著・早川書房刊）という本が出版されましたが、その中で、オスカーという特別な力を持った猫がいることを知りました。

アメリカのロードアイランド州にある、高齢の認知症患者を対象としたステアー・ハウスという施設では、患者とその家族を慰めるために、猫や鳥などの動物を飼っていて、そこには、「最期を看取る」ことで有名なオスカーという猫がいます。オスカーは、最期の時が近づいた入院患者がいると、そばに寄り添って、息を引き取るまで静かに付き添っているのだそうです。

この施設で老年医学の専門医として働くデイヴィッド・ドーサ医師は、オスカーの行動には、何か科学的な見地から説明のつく理由があるのではないかと思って、独自の聞きとり調査を始めました。

例えば、人には知覚できないようなホルモン分泌の匂いを嗅ぎ取っているのではないか、とか、職員の行動パターンを真似しているのではないか、など、話を聞いているうちに何か物理的な理由が浮かび上がってくるだろうと考えたのです。

ところが、聞いていくうちに、「最期の時がわかる」としか思えない行動が、次々と明らかになってきたそうです。

ある姉妹の証言によると、母親の容体が悪くなるたびにオスカーがやってきては、少し匂いを嗅ぐような仕草をしただけで部屋を出ていっていたのが、最期の日には母親のそばにずっと寄り添い、亡くなってからは、葬儀社の人がくるまでベッドのそばを離れようとはしなかったと言います。

さらにある日、医療スタッフの誰もが、具合が悪いとは思っていなかった女性患者のそばに、オスカーが静かに寄り添い始め、そして本当に彼女の最期を看取ったのです。

医療スタッフさえ気付くことのできなかった変化を、猫が察するなんて！

やがてドーサ医師は、専門家の立場から説明できない「能力」が本当にあるのではないか、と考えるようになります。

最期の時を看取る以外にも、オスカーは、誰かが困っていると、そばに行ってずっと付いているという猫だそうです。

高い使命感を持った猫

私はこの話を知った時に、オスカーは波動を読み取る能力が非常に高いのはもちろんですが、高い使命感を持った猫であることがすぐにわかりました。

　動物は人間よりも、自然とオーラもしくは波動を見ることができる、と書きましたが、動物の種によって、波動やオーラを見ることで、状況を判断して行動するパターンに違いがあるように実感しています。特に猫は、飼い主などお世話になった人を看取って最後まで見送る、というあの世への橋渡しのような行動パターンがよく見られます。

　猫が視ているのは、普通の人には視ることができない、人間の波動やオーラですから、何も視えない人から見ると、その寄り添って看取るという行動はとても理解しがたい不思議なものに思えることでしょう。

　しかし、猫は、人の波動の強弱までも見分けることができ、最期の時が近づいてきて、波動が弱くなった人を見分けることもできるはずなのです。看取る人の波動が弱くなって、亡くなってしまった後も、猫には霊が視えるため、最後のお葬式まできちんと見送ることができるのです。

　ただしオスカーは、一般的な猫よりも、そのような最期の時が近づいて弱まってきた波動を読み取る能力が非常に高いのでしょう。また、他の猫に同じくらいのレベルの能力があったとしても、実際に行動するかどうかは別の問題となります。

オスカーは身近な人が亡くなると気付いた時に、その事実を身をもって誰かに教えようとしたり、自ら寄り添って力になろうとまでする、使命感の大きい猫であったことには違いありません。

オスカーには、「最期を迎えた人に寄り添って、旅立つまで見送ってあげよう」という霊界への橋渡しという高い崇高な志がありました。これは、オスカー自身が、とても高い使命を持っている猫であることの証拠です。

使命感を持って、寄り添って最後まで人を看取ることのできるオスカーは、特別な能力を持った猫であると言えますが、可愛がった猫が飼い主の最期に寄り添う、という話は実は身近なところで、一般的によく聞く話であって、決して特殊なことではないのです。猫は自由気ままで自分のことばかり、というイメージがありますね。しかし、実際に弱まってきた波動が視えたとしても、行動するかどうかは別問題なのです。

しかし猫は、そのような最後まで看取るという素質を皆が持っており、基本的にはどの猫も同じだと思います。大切な人を最期まで見送る猫は、私も実際に経験したことがあります。

父を看取って最後まで見送ったハマグリ君

小さい頃から猫が大好きな私は、捨て猫を拾っては飼っていました。田舎に住んでいるため、両親にはいつも何とかして飼うのを許してもらっていました。その中で、珍しく父になついて、父が自分から飼うと言った唯一の野良猫がいたのです。

その猫は茶色のトラ柄のオスで、出会った時にはもう大人で大きな猫でした。父は、何がきっかけで意気投合したのかはわかりませんが、まん丸い大きな顔をしたその茶トラの猫を〝ハマグリ〟と名づけてハマ君と呼び、ものすごい可愛がりようでした。ハマ君も父が大好きで、いつも父と一緒に行動をしていました。食事はもちろん寝る時も一緒。父が畑で作業する時も、いつも近くにいて見張っていました。

そんな平和で楽しい父とハマ君の暮らしが、ある日突然、絶ち切られてしまいました。父が心筋梗塞で倒れ、病院へ運ばれてしまったのです。その後もまた発作が起こって、かなり危険な状態でした。それでも約三カ月入院して、危険を伴いながらも「どうしても家に帰りたい」という父の強い意向で、退院して帰ってくることができました。

ハマ君は父の帰りを心待ちにしており、帰ってきたらまっしぐらに父の所へ飛んで行きました。父は家に帰ってもほとんど寝ていましたが、ハマ君は、一瞬たりとも離れることなくずっと付き添っているかのように足元で一緒に寝ていました。ちょっと庭を散歩すると、ハマ君も必ずピッタリ付いてきていました。

そんな大の仲良しのハマ君と父に、悲しいお別れは突然やってきました。父の三度目の発作が起こり、退院してからちょうど二週間目に急死してしまったのです。今、当時のハマ君の行動を考えると、きっと亡くなる直前の父の波動がとても弱いのを察知していて、そのためにひと時も離れることなく、ずっと見守っていたのだと理解できます。

病院から父の遺体が帰った時、ハマ君は涙を浮べたような悲しい顔をして待っていましたが、退院して帰ってきた時と同じように、飛んできて出迎えました。そして、お通夜でもお葬式でも、片時もお棺のそばから動くことなく、父の横に静かに付き添っていました。

お葬式でお経が始まると、ハマ君は本当に大粒の涙を浮かべてジッと俯いており、それはそれは何とも言えない悲しい顔をしていたのです。

そして出棺の時、私は一瞬、目を疑いました。皆で運んでいるお棺の横には、足のない父の歩いている姿が、はっきり視えたからです。それと同時に、三日間ずっと、ほとんど動くことのなかったハマ君がむっくりと立ち上がって、父の霊のそばで、お棺の移動に合わせて一緒について外へ出て、霊柩車の下まで最後の見送りに行ったのでした。

私はハマ君の見送る中、父の遺影とともに霊柩車に乗りました。その時、最後のお別れに鳴り響いたクラクションと、霊柩車の中から見た悲しい顔で背中をかがめて見送っているハマ君の切ない姿が、私の脳裏にずっと焼き付いて離れません。

ハマ君には、父の霊が当たり前のように視えていたのです。

お葬式に参列した人々は、猫が体中であふれんばかりの悲しみをこらえて父を見送っている姿にびっくりして、皆さん涙を流しておられました。

ハマ君は、野良猫だった自分を救ってくれた父に感謝し、大好きだった父を最後まで看取って見送ったのでしょう。

後日、このハマ君の行動を一部始終見ておられた、葬儀屋さんとお話をする機会がありました。猫は霊が普通に視えるので、可愛がってくれた自分のご主人が亡くなった時、このような、一見異常と思えるような行動をとることがあると言っていました。


そんなハマ君もお葬式の後、急に元気がなくなり、横になって寝ていることが多くなりました。父の四十九日で親戚が集まった時には、すでにハマ君はほとんど寝たきりでした。葬式の時の様子を見ていた人が、「ハマ君はすごい大仕事をしたね、よく頑張った」と声をかけて撫でていきました。

四十九日から一週間後に、父の仏壇の前でハマ君は眠るようにして亡くなってしまいました。父をあの世へ見送るという大役を終えて、大好きだった父とようやく会えてホッとしたのか、とても安心したような充実した顔をして横たわっていたのです。

私はハマ君の安らかな顔を見て「悲しい」というよりも「良くやったね」というねぎらいの思いと褒める気持ちしか起こりませんでした。

ハマ君の亡骸は、父が植えて大事にしていた裏の林の桃の木の下に埋めました。ハマ君が亡くなった四月は、ちょうど桃の花が満開の時期だったのです。その年の桃の花は、例年になくたくさん咲いてとても見事なものでした。

毎年春になって桃の花が咲きますと、父とハマ君のとても仲の良かった日々を思い出します。

第四章

想念で思いは伝わる

動物と心の中の想念で会話する

当たり前のことですが、すべての動物たちには〝心〟があり、感情がありま す。人間は、自分の感情や意志を言葉で表現できますが、動物は言葉を使えないために、態度や表情、そして行動や鳴き声などで意思を示すことになります。たとえばペットの犬や猫の気持ちを、あなたもその態度や鳴き声から読み取った経験があるのではないでしょうか？

私は動物たちの発信する想念から、ある程度の感情を読み取ることができます。彼らは、自分の心の中にある想念を飛ばして私に話しかけてくるのです。動物と話すといっても目の前の動物と声を交わして会話するのではなく、心の中にある想念と、魂同士でテレパシーのやりとりをするようなものだと言えるでしょう。

動物たちはちょうど眼のあたりから、テレパシーのような強い念力で「思い」を波動エネルギーにして送ってきます。人間も動物ですから同じ能力を持っているはずですが、動物は言葉を使えない分、人間よりも念力が強いような気がします。

ただし、心の中の想念を読み取る際には、相手が心を開いてくれなければ読み取りが難しいのは、人間も動物も同じです。心が開かれていないとテレパシーが伝達できず、動物との会話は成り立ちません。言い換えれば、動物と人間である私との間に、究極の信頼関係が成り立っているからこそ会話ができるのだと思っています。

私が「あなたが大好きです。私はあなたの味方です」という友好的な意思を想念で動物に伝えると、動物はそのメッセージを受け取り、同時に私が発している「動物が大好き」という愛情の波動を察知して、「この人は大丈夫」と判断しているのでしょう。

動物は心を許すとコロッと態度を変えますので、すぐにわかります。種類や個体に差があるものの、動物の感情は基本的にとてもストレートでまっすぐなものですから。

人間の場合は、言葉や態度と本心が全く違うことが多々ありますが、動物は感情と行動が同じで、送ってくる想念と態度も完全に一致しています。人間と違って駆け引きや嘘偽りがなく、本当に正直なのです。

でも、動物と会話できるからといって、私が特別な人間というわけではありません。昔から動物が大好きで、動物たちと信頼関係を結び、心を通わせていたことから、このような想念伝達ができるようになりました。皆さんもきっと、自分の大切なペットと心を通わせて、テレパシーでお話することができるはずです。

まずは、愛情を持って想念で話しかけることから、始めてみてはいかがでしょう?

動物と会話するきっかけとなった、野良猫アゴちゃん

現在の私は、ある程度まで動物の感情を想念で読み取ることができるように

なりましたが、そういう能力が備わったのは生まれつきというわけではありません。

小さい頃から動物が大好きで、捨て猫を拾ってきては飼うような子供でした。「飼い主に捨てられて、言いたいことがいっぱいあるだろうな、動物が言葉をしゃべってくれたらいいのに」と、よく思っていたものです。

動物の心の中の思い、いわゆる想念がはっきりと伝わりだしたのは、二十歳前後だったと思います。

ちょうどその頃、私は持病が悪化して入退院を繰り返し、病状はいつどうなるかわからないという状態でした。病院と家に籠もる生活で、人と話すこともほとんどなく寝ていました。そのせいか、言葉で気持ちを伝達するという、人間としての機能を意識することが少なくなってしまっていたのだと思います。

当時は、いつも動物たちに囲まれているという環境にいました。飼っている猫はもちろん、遊びにくる野良猫もたくさんおり、裏の林からやってくるタヌキや野鳥など、田舎にある我が家の周囲には常に動物の姿があったのです。

療養中の私を、窓際からいつも覗いて遊びにくる黒いキジトラの野良猫がいました。

その猫は交通事故に遭ってアゴがずれていたので、〝アゴちゃん〟と名づけていました。アゴちゃんは事故の後遺症で喉をやられたせいか鳴くことができず、不自由だったと思います。それでも、前向きで優しく、とても明るい気さくな猫ちゃんでしたので、一緒にいるだけで元気をもらえるような気がしていました。

そんなアゴちゃんと毎日顔を合わせていますと、なんとなく言いたいことがわかってくるようになり、さらに仲良くなって信頼関係ができてきますと、もっと具体的な想念がテレパシーで明確に伝わってきて、言いたいことがはっきりとわかるようになってきたのです。

「おまえ、いいヤツそうだな」、「もっとおいしいものをくれ！」、「暇そうだから遊んでやろうか？」というような具体的な想念がテレパシーで伝わってきて、鳴かないアゴちゃんと無言のままで想念を伝え合いながら、知らず知らずのうちに会話のやりとりをしていたのでした。

その頃から、気付いたら声に出すこともなく、身近にいる動物たちと心の中でテレパシーを使ったやりとりをして、想念だけで自然に会話をするようになっていきました。私が動物と会話ができるようになったきっかけは、このアゴちゃんとの、心の交流から始まったのです。

そしてある日、心の友・アゴちゃんが急に姿を見せなくなり、心配した私は、懸命に探しました。もちろん、心で呼びかけました。「アゴちゃん、どこにいるの？」

それからまもなくして、お別れの想念が、横たわっているアゴちゃんの姿とともに私の心に飛び込んできたのです。私はその景色の見えた場所へ、一目散に走って行きました。

そこは近くのアパートの階段の陰で、全く人目につかない場所でした。行ってみると、アゴちゃんはやはり瀕死の状態で横たわっていました。もう意識はありません。死に場所にそこを選んでいたのでしょうか、私とアゴちゃんの他には誰もいない空間でした。そして、私がアゴちゃんを抱きかかえたその瞬間、静かに息を引き取ったのです。

最後に伝わってきた想念は、「優しくしてくれてありがとう」という感謝の気持ちでした。アゴちゃんは、きっと私に最後を看取ってほしかったのでしょうね。野良猫で、交通事故にあって苦労しながらも小さい体で精一杯生き抜いたアゴちゃんに、私も「よく頑張ったね。一緒にいて、とても楽しかったよ。ありがとう」という気持ちを伝えました。

アゴちゃんと楽しくおしゃべりした思い出、声が出せず体が不自由でも、前向きに強く生きて、たくさんの勇気と感動をくれたこと、そして最後の優しい安らかな死に顔を、私は今でも決して忘れることはありません。

だって、あなたがいたから、私の人生のドアが一つ開いたのですもの。

動物も想念で人間の心を読み取る

動物は、人が何を考えているのか、どういう気持ちを持っているかなど、人の心の想念をテレパシーのような「想念伝達」で読み取ることが可能だと思い

ます。

これは、動物が人の〝オーラ〟（もしくは波動）を見て行動しているということに通じるでしょう。人間がどんな波動を発しているか、言葉ではなく想念で判断しているということです。

例えば、うちで飼っているこげ茶色のプードルのプリンちゃんは、私が「おやつを食べようかな」と思うと、一緒におやつを食べようと飛んでやってきます。それは別に、おやつの用意をしていたわけでもなく、「おやつを食べる」と声に出しているわけでもないのですから、私の「おやつを食べよう」という気持ちを、プリンちゃんが想念伝達で読み取っているということになります。

また、私が母に帰宅の電話をすると、いつもプリンちゃんは「さあ迎えにいこう」というような格好をして玄関で待っているそうです。これは、私が「家に帰ってくる」という想念を読み取ったことによる行動だといえるでしょう。

遠く離れていても、想念の伝達には距離など関係ありません。まだ帰宅しないという時には、何度電話をしても、プリンちゃんは興味のない様子でそっぽを向いて寝ているらしく、これは「まだ帰らない」と判断しているからだと思います。

動物の種類にもよりますが、動物と動物の間でも、想念伝達によるやりとりは行われていると考えてよいのではないでしょうか。同じ種類の動物同士は鳴き声で伝え合うことが多いと思いますが、想念のやりとりも同時に行っていると感じることがあります。

野生動物は危険を察知するために鳴き声が重要ですが、テレパシーで情報を伝達するようなことも、日常的に行われているかもしれません。

中学生の頃にチョンキーという名の柴犬の雑種を飼っていたのですが、動物間の想念伝達に驚かされる出来事がありました。

ある日、チョンキーが突然狂ったように吠え出したのです。普段は非常に温厚な犬でしたので、何があったのかとびっくりしました。

その暴れ方はかなり異常で、大騒ぎをしたあげくに、とうとう鎖を切ってそのまま走って逃げました。どうやらチョンキーには目的地があったようで、一目散にその場所を目指して走っていきます。必死に追いかけていきますと、ある近所のお宅に飛び込んで入っていきました。

「犬が勝手に入って、すみません」と言いながらお庭に入ると、そこの奥さんが横たわる犬を前に、しゃがんで泣いていたのです。奥さんは「先ほど、うちの犬が亡くなりました」とおっしゃいます。これには、驚きました。

そこのワンちゃんとは散歩の時に出会って、とても仲良くしていました。仲良しだったチョンキーに、きっと最後のお別れを伝えたのでしょう。狂ったように吠えだしたのは、その子が亡くなった時間だったのです。

このとき、動物同士にも想念伝達のようなものがあるということを実感したのでした。

想念伝達、それは波動エネルギーのやりとり

想念とは、心の中で思うことすべてです。人間はもちろん、心を持つ動物たちにはそれぞれに想念があります。

波動というのは、人間、動物、植物など身の回り全ての物体から出ているエネルギー体のようなものですが、それは物質から出されるだけではありません。心の中にある思いも、想念の波動エネルギーとして常に放出されているのです。

電波に低いものから高いものまで波動の幅があるように、想念の波動エネルギーにも、心の中にある日頃の想念の状態によって、低いものから高いものまであります。

想念伝達は、想念の波動エネルギーのやり取りによって行われます。もっと根本的な見方をするなら、想念伝達は「魂と魂との会話」といってもよいでしょう。わかりやすく言いますとテレパシーのようなもので、思いのエネルギーが波動となって伝わってくるというような感じです。心の中で考えている想念は、人や動物が発している波動エネルギーで察知できるものなのです。

例えば、「この人は嫌いだ」もしくは「好きだ」と想った瞬間、その想念は相手に波動エネルギーとして伝達されていきます。人によって感じ取る能力には差がありますが、何となく嫌われているとか好かれているとかいうのは、その雰囲気でわかることが多いですよね。この「何となく」の雰囲気が、その人が相手に向けて発する思いのエネルギーの波動、つまり想念の波動エネルギーなのです。

想念伝達によって波動エネルギーを受けた人の受信する力は、人によって違います。最先端のセンサーが付いた高性能の受信機を持つ人もいれば、そうでない人もいるのです。

霊感が強い人やサイキック能力がある人のように、波動エネルギーを受け取る受信機が高性能でしたら、言葉で気持ちを聞くまでもなく、その想念を理解して心の中をかなり読み取っていくことができるのです。

人間同士だけではなく、動物同士、あるいは動物と人間との間にも、想念の伝達は行われています。人間も動物の想念を読み取るということには、なんら変わりはないのです。

動物は、言葉を持たない分、想念伝達によって心の中を読み取る受信機の性能が高く、相手の想念を理解してかなり心の中を読み取ることができると思われます。そんな動物の気持ちを人間が理解して会話するためには、動物たちが発している波動にまずチャンネルを合わせるようにしなければなりません。

動物との想念伝達も、まず「相手の気持ちを理解しよう」と心がけることによって、ずいぶん違ってきます。彼らが何を言いたいのか、まずは耳を澄まして聞いてみましょう。訓練すれば受信する力も理解度も高まってきて、動物の気持ちがだんだんわかってくるようになりますよ。

タヌキのファミリーと、ずっと仲良し！

我が家は山と林と川に囲まれた盆地にあり、自然あふれる環境の中で暮らしています。

周囲には鷺《さぎ》や雉《きじ》、鶯《うぐいす》など様々な野鳥をはじめ、タヌキやイタチといった野生動物もおり、家の裏の川には、毎年五月になると、最近では珍しいといわれる蛍がたくさん出てきて、ちょっとした名所になっているほどです。この恵まれた自然環境に、私はとても幸せを感じながら暮らしております。

そんな我が家の裏の林にタヌキがやってきてから、すでに三十年以上が経ちました。その期間、タヌキの家族は世代交代しながらもずっと裏の林に住んでいます。

最初のタヌキとの出会いは、衝撃的でした。ある日突然、目の周りの黒い変な犬のような動物が裏の林からやってきたのですが、とても人なつっこく、私の後にくっついてくるようになったのです。「馴れ馴れしい面白い犬がいるよ」と、母に見せましたら、タヌキだということがわかって当時はびっくりしました。それから、ずっとタヌキとは共存していて、思い出も数えきれないくらいたくさんあります。

タヌキは目の周りや足は黒っぽく、頭からお尻までの長さがだいたい六十センチといったところでしょうか。パンダのように目の周りが黒いことと、ふさふさしたしっぽに短い足が特徴で、その愛嬌のある姿を見るだけでもとても癒されます。

タヌキの行動時間は、一般的には人目につかない夕方と明け方が多いといわれていますが、馴れると、昼も夜もなく出てくるようです。我が家の裏のタヌキは、基本的に夕方から現れることが多いのですが、以前にとても馴れたのがいて、朝から晩までほとんど私の部屋の前で生活して、出てくるとどこにでもついてきていました。

私のスカートの裾を噛んで引っ張ってじゃれてみたり、頭をなでたら喜ぶワンちゃんみたいなタヌキもいましたし、おやつの時間をちゃんと知ってやってくるちゃっかり者もいました。

付き合ってみると、タヌキはこんなふうに、とても人なつっこくてちょっとひょうきんな所もあって、しかも温厚で優しい動物なのです。これは、あのクリッとした丸い目、可愛い邪気のない優しい目を見ただけでもわかります。

しかし、実際にタヌキは非常に臆病な動物で、警戒心が強く、なかなか触ったりできるほどには人間になつかないそうです。裏の林のタヌキたちは、動物がとても大好きな私の友好的な波動を読み取っているのでしょう。私にはいつも心を開いてなついてくれていますが、他の人の気配がすると警戒して、サッと林の中に逃げて隠れてしまいます。実際、我が家の近所でも、タヌキを見たことがない人がほとんどなのです。

これは、タヌキが人の波動を見分けて行動している証拠といえるでしょう。やはり野生動物ですので警戒心がとても強く、自分に危害を加えない友好的な人かどうかを、その人の発している波動で瞬時に見分けていることがよくわかります。

歴代お母さん〝タヌ子〟との不思議な約束

私は二〇〇九年の春から始めたブログで、自分の身の回りにいる動物たちとの交流や大好きな花のことなど周辺の出来事を綴っていますが、この「優李阿ブログ」でもタヌキの一家は人気で、しょっちゅう登場しています。

中でも一番人気のお母さんタヌキは、とても温厚でちょっとお茶目な性格です。今のお母さんタヌキとは、とても仲良くなって、いつもいろいろな会話をします。話を聞けば、お母さんには、野生動物として子ダヌキたちを守り育てて暮らしていくことに、大変な苦労があるとのこと。人間でもタヌキでも、親の苦労は同じようです。

我が家にタヌキがきてから三十年以上経ちますが、その間にタヌキの家族は何代も世代交代しています。今はお母さんが子ダヌキの世話をよくしていますが、何代か前には、お父さんが子ダヌキたちの世話をしていることもありました。そして、これまでの歴代タヌキの中でも、私が二十代の半ばくらいまで毎日きていたお母さんタヌキの〝タヌ子〟には、特に忘れられない強烈な思い出があります。

当時のお母さんタヌキであったタヌ子は、現在きているお母さんと顔や温厚な性格がよく似ていましたので、今のお母さんはきっとタヌ子の直系の子孫だと思います。一番特徴的なのは、タヌキなのにどちらも目の周りが黒くない（！）ということです。一見すると、柴犬みたいな感じですね。

タヌ子は、歴代のタヌキの中でも特別になついていて、その外見の特徴もあってか、私にとっては飼っているペットの犬のような存在でした。

私が高校に入った頃に生まれたタヌ子は、はじめは親に連れられてきていた子ダヌキでしたが、大人になって他の子ダヌキたちが引っ越していなくなっても、毎日一匹でくるようになったのです。たくさんの子ダヌキの中でもタヌ子は特に馴れており、私もとても可愛がっていましたので、自分から引っ越すことをしなかったのかもしれません。

私が十八歳を過ぎたころ、タヌ子は最初の子ダヌキを授かります。母親のタヌ子もかなり馴れ馴れしいタイプでしたが、その子ダヌキたちも相当に馴れていました。裏の林から橋を渡ってやってきては、家の中へ勝手に入ってきます。

時には、タヌキ一家が冷蔵庫の前でズラッと並んで待っている、なんてこともありました。もともとは裏の林に住んでいましたのに、我が家の敷地に入って庭の木の下でくつろいでいることが多くなってきたのです。

特に、裏の林に面している私の部屋のすぐ前の庭は居心地が良いらしく、いつも待機しては、おやつを一緒に食べるのを待っていました。私が外に出ますと、タヌキ一家がぞろぞろとついてくるのです。タヌキが家の敷地内にいる、という不思議な生活でしたが、あまりにも身近で自然な成り行きだったので、いつかそれが日常になりました。

それからタヌ子も何度か子供を生んで、数年は子ダヌキと一緒でしたが、子ダヌキもみんな巣立っていきました。気付けばタヌ子はいつも一匹で、私の部屋の裏にいることが多くなっていたのです。よく見ると体毛には白髪も混じって、口をあけると歯もずいぶん抜けており、かなり高齢のお婆ちゃんになってきたという感じでした。

タヌ子の最後の言葉

十代から二十代半ばにかけて、私は持病でずっと調子が悪く、入退院の繰り返しでした。自宅か病院の生活でしたので、私にとっては、家に遊びにきていた野良猫やタヌキ一家と一緒に戯れること自体が、とても楽しく幸せなことだったのです。

二十代半ばの頃、持病が悪化して今度は腎臓が悪くなり、命にかかわるくらいに病状が悪化したことがありました。そこで、また入院せざるを得ない状態になったわけです。

「治療が大変だから、今度の入院は半年以上と長いかもしれない」と病院の先生に言われて、かなりショックを受けました。

「今度の入院はそんなに長いのか。いつまで入退院を繰り返すんだろう。私の人生はこんなことばかりで、この先に何か良いことは待っているのだろうか」と、将来の不安ばかりが頭の中をグルグルと巡っていました。この時ばかりは落ち込みがひどく、相当に精神的なショックを受けて、将来を悲観していたのです。

考え込んだまま、ぼんやりと外を見ていましたら、私の部屋の前庭にいるタヌ子が心配そうにジッとこちらを見ていました。

私は、タヌ子の大好きなドーナツをあげながら「いっとき、あなたとも会えないよ。おやつもあげることができないし。それでもここにまだいるの?」と言いました。そうしたら、その瞬間にタヌ子の眼が光って、強烈な想念を飛ばしてきました。

「あなたは、すぐにここに帰ってくるわ」と。しかも「その嫌な所にいるのは今回で終わり。今後はもうないでしょう」という想念が飛び込んできたのです。

タヌ子は、入退院ばかり繰り返して嫌がっている私を見て「慰め」の想念を飛ばしてくれたのだろうと、その時は思いました。

しかし、そのタヌ子の想念は、一生忘れることのできない出来事となるのです。なぜなら、やがてそれは現実となり、しかもその慰めの言葉がタヌ子の最後の言葉となったからです。

次の日、私は入院することになりました。

「また、つらい治療が始まる……」。しかも治療したところで、また悪くなっては全然意味がない」頭の中には悲観的な思考しかなく、私は完全に心を閉ざして、誰とも口を利かなくなってしまいました。担当の医師も、あまりに悲観的で生きる気力を持てない私に、ほとほと困り果てていたと思います。

人生はいつでもやり直しができる

そんな時に、人生が変わる不思議な出会いがありました。

入院中、二週間ごとに医学部の学生さんが患者さんを担当するポリクリ（臨床実習）というのがあって、その時に面白い学生さんと出会ったのです。彼は、私と最初に会った時、あまりに私が無視するのではじめは困っていました。たいていの人なら、もう担当を辞めるのでしょうが、彼は普通の人ではありませんでした。

担当となって二日目、私の手相を見て「君は、親に非常に甘えている」と言い出したのです。突然厳しい言葉を掛けられてムッとしたので、「入院しているし、ずっと病気ばかりだからしょうがないでしょう！」と言ったら、それには構わず「でも二十八歳以降ぐらいから、運命が変わってくるよ」「君は、たくさんの人に支えられて成功するタイプだね」と続けます。（この人、変わっているけど面白い）と思ったところで、ふっと心がほぐれました。

それまで貝のように口を閉じて全く誰とも話さないでいたのに、なんだか心が開かれて、だんだんと話すようになっていったのです。

それから毎日、彼が来るのを楽しみに待つようになりました。今日は、どんな面白い話をしてくれるのだろうと。

クソまじめな牛乳瓶の底のような厚いレンズのメガネを掛けていて、見た目からは想像もできませんが、彼は占いが趣味で、それもプロ顔負けという腕前でした。そしてある日、ポケットの中からタロットカードをだして、いろいろと占ってくれたのです。彼の口から出る言葉は、戒めもあるけれど、どれも前向きで勇気づけられる強いものばかりでした。

口癖は「人生はやり直そうと思った時に、いつでもやり直しができる」でした。

タロットカードってとても深い意味があってすごいものだなと、その時しみじみ思ったものです。毎日毎日、彼と話しているうちに、自分がどんどん前向きになって、心がどんどん元気になってくるのがはっきりとわかりました。

彼は占いという手段を通して私を見事に立ち直らせるという、すごい技をみせたのでした。この時に「占いって、使い方によっては、人の心をよみがえらせるすごい力があるんだな」と、心から思ったものです。全く生きる気力がなかったのに、それを前向きにさせるなんて、なかなかできることではありません。そして、気持ちが前向きになってきたら、〝病は気から〟という諺どおり、どんどん病状が良くなってきたのです。

それからは治療の甲斐もあって、半年入院の予定が二カ月という速さで退院できることとなりました。

「ほら、言った通りでしょう。約束は果たしたわ」

退院した私は、家に帰ってすぐ、裏のタヌ子に会いに走って行きました。しかし裏の林を見渡しても、タヌ子はどこにもいません。母に聞きましたら、入院してからすぐにこなくなってしまったそうです。それでも、呼べば出てくるかもしれないと思い、再び裏の林へ探しに行きました。「タヌ子ォ！　あなたの言ったとおり、早く帰ってこれたよ〜」と、何度も大声で呼びましたが、全く林の中には気配がありませんでした。

「また明日、探してみよう。明日になったら、もしかするとくるかもしれない。おやつのドーナツを用意して気長に待っていよう」と、その晩はとりあえず寝ることにしました。

次の日の朝方、タヌ子は夢に出てきました。タヌ子のためにと前日買ってきた大好物のドーナツを、口にくわえて美味しそうに食べています。

「タヌ子、やっぱりいたのね。あなたが言うとおり、早く帰れたよ。これからまた、毎日一緒に過ごそうね」と私は伝えました。するとタヌ子は、ドーナツを口いっぱいに頬張りながらムシャムシャ美味しそうに食べて、「良かったね。ほら、言った通りでしょう。約束は果たしたわ」という想念を飛ばしてきたのです。そして「おいしいお菓子いつもありがとう。楽しかったわ。じゃあね」という想念を残して、裏の林の中に消えていきました。

そこでハッと目が覚め、私はすぐに裏の林にタヌ子を探しにいきました。夢を通して霊界からお別れの挨拶をしてきたことで、タヌ子がすでに亡くなっていることはわかっていました。

それでも、もう一度会いたくて、もしかして会えるのではないかと思って、探したのです。わかり切っていたことでしたが、信じたくなかったのでしょう。結局、いくら探しても、やっぱりタヌ子は出てきませんでした。

それから年月を経て、退院後にだんだん体力もついてきて、普通の生活を送れるようになってきました。そして確かに、あの医学生が占いで言った通り、二十八歳で人生の転機を経験した私は、運命が変わってきて家から大学へ通えるようになったのです。

さらに、「病院にいることは今回で終わり」というタヌ子の想念どおり、それ以来病気で入院することもありませんでした。タヌ子は、本当に約束を果たしたのです。母性が強く優しかったタヌ子の眼からみても、持病で入退院を繰り返す私があまりにも可哀相に映ったのかもしれません。

ちょっと信じられない不思議な話ですが、これはタヌ子が私のこれからのことを神様に頼んで、あの世に旅立ったのだと確信しています。

豆太の大粒の涙

これまでの歴代タヌキの中でも、最近の夏にやってきた、子ダヌキ〝豆太〟の悲しいお話があります。

小さなチビッコ豆太は、ある日突然やって来ました。裏の林の赤紫色のムクゲの花がとても美しく咲いていた時でした。

二〇一二年七月の夕方のことです。裏の林に行ってみましたら、林の奥から小さな子ダヌキがやってくるのを発見。その大きさは、片手でも抱えられるくらい。生後二カ月の子猫くらいの大きさで、とってもとっても小さい子ダヌキでした。豆が転げるように降りてきたことが〝豆太〟と命名した理由でした。

豆太は、林から降りてきて、御飯が入っているおなべに近づきました。そして、おウドンをツルッと上手に食べるではありませんか。豆太は毎日、林からやってきて、美味しいものをたくさん食べていました。とくに麺類や菓子パンが大好きでした。

いつも林からやってくるときは、お父さんお母さんに内緒で、必ず一匹でやってきて、おいしいものを先に独り占めしようとするちゃっかり者でした。

他にも子ダヌキはあと四匹いましたが、豆太はとても小さく、虚弱児という感じでした。顔も目が小さくて面白い顔をしており、鼻もピンク色で色素が薄く、障害をもって生まれていたのかもしれません。豆太は、他のタヌキに比べて身体がとても小さかったため身体に栄養を補給するためか、びっくりするくらいよく食べました。今思うと体の弱い豆太は、いっぱい食べるようにして身体に脂肪を少しでも蓄えていたのだと思います。豆太は、今というこの瞬間を、力強く一生懸命に生きていたのです。

私は、小さくてもたくましく生きている豆太を見ているだけで、元気をもらったものです。

それから毎日、豆太がやってくるのが、とても楽しみになりました。

しかし二〇一三年一月、豆太との突然の悲しい別れがやってきます。

雪が降るとても寒い日の朝、裏の倉庫の中で、豆太が亡くなっているのを発見しました。

ショックでそこに立ちすくんでしまいました。豆太とは半年しか一緒にいることができませんでした。

野生動物が、自らの亡骸を人目にさらすことはほとんどありえないことです。豆太は、あまりの寒さに私に助けを求めて、橋を渡って倉庫までやってきて、そこで息絶えてしまったのでしょう。その表情からは、頑張って生きてきた、まだまだ生きたかったという無念さがひしひしと伝わってきました。

二〇一三年の冬はとても寒く、私も体調をくずして、一月の終わりに病院で、点滴をすることになりました。

点滴が始まってすぐ、うとうとしてしまいました。そして眠ったと思ったその瞬間、私は、家の裏の枇杷の木のところに立っていました。ここは、霊界だとすぐにわかりました。

霊界では、亡くなった猫のチャコが、霊界の枇杷の木の上にいました。チャコの視線の先の林には、豆太をはじめとする歴代の亡くなったタヌキ達が集まっていました。霊界の裏の林にある赤紫色のムクゲが、夢の中でも美しく咲いていました赤紫色のムクゲの木の横に、小さな子ダヌキの頃の豆太が走ってやってきました。

チャコから、

「優李阿ちゃん、私がいなくなってあまりに悲しむから神様に頼んで豆太を授けたのよ！」という想念がきました。

豆太も「短い期間だったけど楽しかった！　可愛がってくれてありがとう」と言いました。その豆太の眼には、大粒の涙が見えました。

そして、チャコと豆太は、眩い七色の光の中へと、スッと消えていきました。神の光は七色の光です。

そういえば、豆太がやって来てくれたおかげで、チャコが亡くなってしまっても、ほとんど泣くこともなく、悲しい気持ちが少し紛れていたことを思い出しました。豆太との出会いと別れのことをそれからずっと思い出していました。

豆太は、病気で痩せこけていましたが、パワーがみなぎって生きる気力に溢れていたのです。病弱に生まれても、一生懸命前向きに短い寿命を生き抜いた、チビッコ豆太のことを自分の生き方と重ねてみました。豆太からは勇気とパワーをもらいました、豆太の力強さを見習って、悲しくても辛くてもこれからも頑張って生きていこうと決意したのです。

「ありがとう。病気に負けずに頑張って生きていくよ」

豆太とチャコにそう伝えました。

誰にでも、自分にとってかけがえのないものがある

そのとき、「一期一会」という言葉が浮かんできました。

人生は、いつ何が起こるかわからないものです。自分が創ってきた現実は、壊れやすくはかないものだ。だからこそ人生は「今」が最も大切だということに改めて気付きました。

チャコと豆太は、私に、本当の意味での〝愛すること〟を教えるためにこの世に生まれてきてくれたのだと信じています

目が覚めると、点滴もちょうど終わっていました。ずっと、豆太がやってきた二〇一二年の七月のことを思い出していました。赤紫色のムクゲが美しく咲いていたときでした。

サン・テグジュペリの童話『星の王子さま』のクライマックスは、あの心に沁みわたる、キツネが別れ際に王子さまに言う名セリフです。

キツネは王子さまに、大切な秘密を教えてくれました。

「さっきの秘密を言おうかね。なに、なんでもないことだよ。心で見なくちゃ、ものごとはよく見えないってことさ。肝心なことは、目に見えないんだよ」

この有名な一節は、王子さまが世の中に一つしかない自分の花を見つけるために、たくさんのバラの花の中を探しに行った時の話です。

王子さまには、自分の星を出てきてからも、ずっと気にかけていることがありました。

それは、王子さまの星に咲いた、たった一輪のバラの花のことです。その花は見たこともない美しい花で、王子さまはその花をとても大切に思って育てて

いました。地球に来たとき、王子さまはその花が、地球にたくさん咲いている
バラの花であることを知り、ショックを受けます。
しかし、その後でキツネと出会い、彼と話すうちに、気づいたのです。あの
花が、たったひとつしかない、特別な花だということに。どこに咲いているバ
ラも同じようだけれど、自分が真心を込めて世話をすることで、その命が自分
にとって、かけがえのないものになっていくさまを教えてくれます。
みんな誰にでも大切なものがあって、それは他の人には何の意味もないかも
しれないけれど、自分にとっては何にもかえられない、かけがえのないものな
のです。
王子さまが水をやって大切に育てた自分の花、そこには〝愛〟というものが
存在しています。目には見えない〝愛〟は、人生においてその本当の豊かさや
幸せをもたらす最も大切なものではないでしょうか。
キツネではなくタヌキの豆太と、チャコちゃんが、私に愛をくれたことに亡
くなってから気付いたというわけです。
私は、なぜだか霊界の裏の林にある、バラではありませんが、大切に育てて

いた美しく目が覚めるように咲いている赤紫色のムクゲを見ながら、究極の愛をくれたチャコと豆太のことをずっと思い出して涙が止まりませんでした。

第五章 飼い主を支えてくれる動物たち

3本足の猫ヒットラー

以前、鑑定したA子さんのとても切ないお話です。

当時のA子さんは高校生でしたが、学校は休みがちでした。なぜなら、内向的な性格ゆえに、友達もほとんどいなくて、学校が大嫌いだったからです。

そんなつまらない日々を暮していたある日、大きな白黒の猫がやってきました。出会いはとてもショッキングな出来事から始まります。

裏の林の奥から、「ウ～ンウ～ン」と締め付けるような苦しそうな、何ともいえない声が聞こえてきました。何だかとても気になって、林の中を探しますと、大きな白黒の猫がうずくまっていました。

よく見ますと、びっくり。なんと、トラバサミに後ろ足が掛かって、動けなくなっていたのです。驚いて、トラバサミをつけたまま、近くの動物病院に駆け込みました。

すぐ手術になりましたが、足を切断することになってしまったのです。A子

さんは手術が終わって、片足が無くなってしまった白黒猫をとりあえず家に連れて帰りました。

とても人懐こく、飼い猫だったことは間違いありませんでした。飼い主を捜しましたが、捨てられたのでしょうか。飼い主が見つかりませんでしたので、そのまま自宅で飼うことにしました。

A子さんは、以前、林で捨てられていた柴犬の雑種ポチを飼っていましたが、この白黒猫はとても温厚でしたのですぐにポチとも仲良しになりました。

大きな白黒猫をよく見ますと、上下の前歯がなくて、けっこう年をとっているように見えました。歯がないせいか、口元はいつもヨダレでズルズルになっており、アリスのチェシャ猫みたいに笑ったような顔をしていました。

白の多いとても大きな体をした白黒猫で、頭はおかっぱのカツラをかぶったような黒いところがあって、口にはチョビ髭のような黒い模様がありました。

何かヒットラーみたい。そんな印象でした。

いろんな名前を考えましたが、第一印象の〝ヒットラー〟を名前にしました。ヒットラーなら、悪運が強い名前だから、何があってもたくましく生きていってくれるだろう……。そんな期待を込めて。

ヒットラーは、いつもニヤニヤ笑ったような顔をしており、その顔を見るだけで、とても癒される猫でした。抱っこをすると、のどをゴロゴロならして、とても幸せそうでした。一緒にいるだけで、悲しいこと苦しいことのすべてを忘れて、なぜだかとても癒されるのです。この猫は、きっと友達がいない私に、神が授けてくれた猫なのだと、A子さんは神に感謝しました。

ヒットラーは、後ろ右足を切断してしまいましたが、大きな太った身体を三本足で支え、上手に走っていました。ヒットラーとA子さんは重なることがたくさんありました。というのはA子さんも右足が少し不自由だったからです。

小さい頃に交通事故で足を複雑骨折して、何度も手術をしましたが、後遺症が残ってしまい、少し引きずったような歩き方をしていました。それが、自分のコンプレックスで、自分に自信がもてず、いつも下を向いて歩くのがクセになってしまったのです。そのせいで内向的な性格となってしまったと思っていました。

ヒットラーは、三本足でも思いっきり走れます。足の代わりに腕がたくましくなって、屋根や木に登ったりできるのです。

A子さんは片足のないハンデを負ってしまったヒットラーが、それを苦にせず、三本足になっても頑張って生きている姿をみると、とても励まされ、勇気が湧いてきます。何だかとても前向きになれるのでした。

A子さんの傍にいつもくっついて回り、寝るのも一緒でした。ポチとの夕方の散歩も必ずついてきて、日課となりました。A子さんにとって、ヒットラーはかけがえのない家族であり、とても大事な存在になっていきました。しかし、A子さんには、ヒットラーがなんとなく突然いなくなってしまうような、はかない存在のような気がしてなりませんでした。

「ずっと一緒にいようね」

といつも語りかけていました。

飼い主の身代わりとなりシェパードの攻撃を受けて！

そんな幸せな生活を送っていたある日、想像を絶するような恐ろしい出来事が起きてしまったのです。

いつもと同じように、ポチの散歩をヒットラーと一緒にしていました。すると、黒い大きな犬が一目散に、こっちを目がけて走ってくるのが見えました。近所のシェパードが、つないであった鎖から離れてすごい勢いで向かってきたのです。

「ポチが危ない！」とっさにそう思ったA子さんは、ポチを抱いて逃げようとしました。しかしそのシェパードの足は速く、すぐ追いついて、ポチを抱いたA子さんに飛びついてきました。「誰か！　助けて!!」と思いっ切り叫びました。A子さんは、高く頭の上にポチを持ち上げて、シェパードがポチに届かないように気力を振り絞って持ち上げていました。

その瞬間、気がつくと、なんとヒットラーがそのまま逃げずに足元にいるではいませんか。

「早く逃げなさい！！！ヒットラー!!」

思いっ切りそう叫んだ瞬間、シェパードの視線は急に下に行き、ヒットラーに覆いかぶさりました。

そのとき、ようやく逃げたことに気付いた飼い主が、走ってやってきて、そのシェパードを捕まえてくれました。

ヒットラーに覆いかぶさっていたシェパードを飼い主が払いのけた瞬間、目のあたりにしたものは……。血だらけになったヒットラーでした。白のきれいな毛をしていたところが、血で真っ赤に染まっていました。首を噛まれていたようで、まったく動きませんでした。

「ヒットラー!!」と大きな声で叫びましたら、少し意識が戻ったようで、立ち上がってフラフラと歩き出しました。そして、そのまま、裏の林に行ってしまったのです。

一瞬のできごとで、何が何だかわからない放心状態のA子さんでしたが、ヒットラーを追いかけました。しかし、すぐに見失ってしまいました。

それから毎日、林中を探し続けましたが、ヒットラーはどこにもいませんでした。

A子さんはあまりのショックに、全く外に出なくなってしまいました。なんでこんなことになってしまったのか……。自分の目の前で、こんな悲惨なことが起こるなんて。どうにかできなかったのかと、悔やんでは涙を流し、自分を責める毎日でした。

三本足でも敏捷な猫だから走って逃げることができたのに、なぜ逃げなかったのか？　それはもしかして、シェパードの攻撃の矛先をあえて自分に向けようとしたのではないか…。

まさか猫なのに、自ら身代りに自殺行為をするような、そんなことがあり得るだろうか。でもあの時、シェパードの視線が下に行かなかったら、間違いなく私とポチがやられていただろう。そんなことがフラッシュバックして自分を責めました。

それから、悶々とした日が続き、毎日悔やんで、思い出しては涙を流し、悲しみに打ちひしがれていました。この事件を期に、A子さんはますます人と口をきかなくなってしまったのです。せめて亡骸だけでも見つけて埋葬してやりたい。そう思い続けて、毎日神に祈っていました。

松の木の下でニヤニヤ笑っていたヒットラー

半年たったある日、なんとなくヒットラーの気配を感じました。すると朝方、夢でヒットラーが出てきたのです。とってもまばゆい七色の光の中、裏の林の奥にある松の木の下で、日向ぼっこをしながらお昼寝をしている夢でした。いつものようにニヤニヤ笑った顔でヨダレを垂らしていました。

A子さんは朝起きてすぐ、一目散に裏の林に行って、夢で見た松の木を捜しました。すると、林の奥に大きな松の木を発見しましたが、そのすぐ下には草がぼうぼうに生えていました。

その草をかき分けると…。やはり獣の白骨化した死体がありました。その白骨は、後ろ右脚がなくて三本足であり、歯も前歯がありませんでしたので、間違いなくヒットラーの亡骸でした。

A子さんは大声をあげて泣いて、その白骨を抱きしめました。

「ヒットラー！　こんなところにいたの!!　かわいそうに。本当にごめんね」

するとその時、金縛りにあって、その白骨の亡骸がA子さんに話しかけました。

「泣いてくれてありがとう」と。

その言葉は、目で見えるようなものでなく、耳に聞こえるものでもなく、直接心へ突き刺さるように伝わる不思議な言葉でした。

ヒットラーは不本意に亡くなってしまったけれど、自分のために泣いてくれて、心から嬉しかったのでしょう。もしかすると泣くことが一番の供養になるのかもしれません。

小さな魂ですが、大きな勇気をもって、身代りに亡くなってしまったヒットラー。ヒットラーは、飼い主を守った勇敢さ故、神がすぐに天国に迎えに来てくれたのだと確信しました。

夢で見たまばゆい虹色の光は、きっと〝虹の橋のたもと〟と呼ばれている天国の入り口だと確信しました。そこで、きっと私を待っていてくれているにちがいない、そう思うとなんだかとても救われた気分になってきました。

ヒットラーの亡骸を連れて帰って、自分の部屋の前に埋葬してお墓を作りました。これでA子さんは気持ちが少しは落ち着いてきて、この悲しい出来事も、前向きに捉えることができるようになってきたのです。

三本足でもそれをハンデとせず、生き生きとして、癒しを与えてくれて、元気をくれていた、いつも楽しそうなヒットラーのニヤニヤした顔を思い出していました。

自分も足が悪くて、いつもそれを引け目に感じていたけれど、そんなことどうでもいいことなのだ。勇敢な三本足のヒットラーは、体当たりで飼い主を自分の命と引き換えに守り切った。このことは、A子さんに大きな勇気をくれたのです。

「私にもこれから何かできないだろうか」

そのとき高校三年生で、進路を決めなくてはいけなかったA子さんは、理学療法士の専門学校に行くことに決めました。自分のような身体にハンデがある人たちに何かできたらと考えたのです。

それから数年が過ぎ、今は理学療法士として病院で活躍中です。昔の内向的だった頃の面影もありません。

自分の部屋の目の前にあるヒットラーのお墓によく話しかけます。

「勇気をくれてありがとう」と。

すると、ヨダレを垂らしてニヤニヤしたヒットラーの顔が浮かんできます。

「ずっと見守っているから、精一杯頑張って生きてくんだよ」

といつも言ってくれているような気がしています。

黒猫ブラッドと治療院を開業したお父さん

知り合いのR子さんのお父さんのとても不思議なお話です。
R子さんのお父さんのQさんは、長年勤めた会社を退職し、昔から興味があった気功を習いにいきました。気功にどんどんハマっていき、それから三年後に、治療院を開業したのです。
治療院といいましても、もともとあったバラック小屋を改造した程度で、治療院というほどの建物ではありませんでした。
R子さんの家にはお父さんの退職後すぐにやってきた、大きな野良猫がいま

した。その猫は、真っ黒で少し毛が長く、洋猫の血が入っている雑種のようでした。鋭い黄色い眼をした、落ち着きはらって、悟りを開いたような崇高な感じの猫でした。

お父さんのQさんはこの黒猫をたいそう気に入って、とても可愛がっていました。名前を〝ブラッド〟と名付けて、いつも一緒にいました。

ブラッドは霊感が非常に強く、一緒にいると、自分も感覚が鋭くなる、Qさんはそう言って、治療院にもお供として連れていっていました。ブラッドは、首にオニキスの大きな勾玉のついた首輪をつけてもらっていて、それがとてもお似合いでした。

ブラッドは招き猫として、赤い座布団を引いてもらい、治療院の奥にいつも控えていました。しかし、治療院のお客さんはとても少なく、毎日、閑古鳥が鳴いていました。趣味で始めた治療院だから、まあいいかと、Qさんはのんきに構えていました。

そんな平穏な毎日でしたが、突然悲しい出来事が起こってしまいます。急用があって、出かけていたQさんが、治療院に戻りますと、赤座布団の上にいたブラッドが倒れているではありませんか。

「ブラッド!!」と呼んでみても、いくら揺さぶっても全く動きませんでした。ブラッドは、心臓発作か何かで、留守の間に急死してしまったのです。そのとき、首輪のオニキスの勾玉がキラッっと異常なほど光りました。それは、亡くなっても魂はそのままここにいるんだよと訴えているかのようでした。

Qさんは、あまりにも突然のブラッドの死にショックを受け、全く無気力になってしまいます。一緒に頑張ってきたブラッドがいないことから、治療院は閉じてしまいました。

そして、さらに追い打ちをかけるように、不幸なできごとは続きます。もともと心臓に持病があったQさんは、心筋梗塞で倒れてしまったのです。救急車で病院に行きましたが、心停止の状態でした。

R子さんはすぐに病院に駆けつけましたが、もう無理ですと、担当医にもはっきり言われました。そしてすぐに、心電図がピーッと波打たなくなりました。

「お父さんは亡くなってしまった」R子さんは、ワーと泣き叫んでいました。

しかしその時、不思議なことに、心電図がピッピッと少し波打ちだして、それからすぐ正常になってきました。そしてなんとQさんの意識が戻り、生き返ったのです。こんなことがあるのかと、担当医もびっくりしていました。

意識が戻った第一声は、「あ〜、なんとも綺麗な景色だったのに戻ってきて残念じゃ」の一言でした。

そして目が覚めてから一週間のあいだに、みるみる体力が戻ってきて、一〇日後には退院できたのです。

蘇ったお父さんとのあの世での約束

退院してから、R子さんは、あの世で何があったのかお父さんに聞いてみると、それは不思議な臨死体験を語ってくれました。

胸が突然、締め付けられるように痛くなって、意識が朦朧としてきました。そして暗いトンネルのような道を歩いていくと、今度は景色が一変して、メルヘンのように美しい景色に変わったそうです。その景色は、山があって川があって、虹がかかっていてとても美しく見たことのない光景でした。

その異様なくらい美しい風景に、ここは霊界だと確信して自分の人生もこれで終わりなのだと覚悟したそうです。気づくと目の前に浅い河があり、これが三途の河なのだとわかったといいます。その後、何となく惹かれて、入って渡っていこうかなと思いました。しかし、後ろから何かが足にまとわりついてきて、足が動かないのです。

足元を見ますと、黒い猫が足にまとわりついていたのでした。その黒い猫は、なんとブラッドでした。

「ブラッド！　また会えて嬉しいよ!!」

Qさんは、感激のあまりブラッドを抱きしめました。

ブラッドはあの世に行くのに迎えに来てくれたのだ。Qさんはそう思い、ブラッドを抱いたまま、三途の河を渡ろうとしました。でも、ブラッドはQさんを払いのけて飛び降りてしまいました。どうしても一緒に行ってくれないのです。

するとそのとき、目もくらむような七色の光線が、天からブラッドに向かって差し込んできて、神からのお告げがお父さんにありました。

「お前は、まだ使命を終えていない。これからまた戻ってやり直しなさい。一〇年後の誕生日に迎えに来る。それまで精一杯生きて一人でも多くの人を救うのだ」と。

そのメッセージが終わったと思ったら、思いっきり頭を殴られたような感じがして、意識が遠のき、気が付いたら病院のベッドで意識が戻っていたということです。

「一〇年後の誕生日までといったら、お父さん七五歳のときの終戦記念日の日までということだね」

R子さんは笑って、半分は冗談として捉えて、本気にはしていませんでした。

退院してからすぐ、閉鎖していた治療院を復活させることにしました。お父さんは何だか人が変わって別人になったような感じでした。何か預言をしたり、以前とは違うなにか恐ろしいくらいのパワーを感じるのです。

不思議な骸骨の置物を買ってきて、治療院に置きました。その骸骨で宇宙と交信したり、R子さんからみるとまったく理解できないようなことをしていました。

また迷い込んできた黒猫

治療院を再び開業する前日に、不思議なことにまた黒猫が迷い込んできました。その黒猫は短毛種の大きな猫で、毛の長いブラッドとは違いましたが、大きな体格と鋭い黄色い眼がそっくりでした。

そこでQさんは、ブラッドの生まれ変わりだといって〝ブラッド2号〟と名付けて、飼うことにしました。

黒猫は不思議なことにブラッドのいつもいた、治療院の奥の赤座布団のところに勝手に行き、そこで落ち着いて寝てしまいました。亡くなったブラッドのつけていたオニキスの勾玉の首輪を付けましたら、ぴったりでした。

さあ、いよいよ一年ぶりの再開業です。まずは、以前来てくれていたなじみの常連のお客さんが、お祝いを兼ねて来てくれました。昔から腰がずっと悪くて、Qさんがやめていた間もどこにいっても治らず、またここに来てみたというわけでした。

Qさんは、骸骨に話しかけ拝みました。

「キララ星人、応答願います」

するとすぐに応答があり、骸骨を通して悪いところをお告げとして教えてくれるというのです。ブラッド2号もお告げが降りたときには、クルクルと赤座布団の上を回りました。

その常連さんは、死にかけたことで、Qさんの頭が少しおかしくなったと思ったそうです。キララ星人から悪いところを聞いて、それから悪い箇所に手を当てて、気を出します。すると、びっくり！　その日を境に、嘘みたいに痛みが急激に緩和していったのです。

これはすごい!!　そう実感した常連さんは、次々に知り合いに紹介していきました。そして、口コミだけで、すぐにびっくりするくらいの人が集まってきました。

Qさんと骸骨、ブラッド2号の面白いコンビも噂になりました。バラック小屋で、看板もない治療院でしたが、いつも予約でいっぱいでした。

Qさんは休む暇もなく元気に毎日働いて、なるべく一人でも多くの人を見ることにしました。それから数年が過ぎ、相変わらず患者さんは多い状態が続きました。Qさんはとても元気でしたが、七五歳になったとき、R子さんはフッと、あの臨死体験で神様が言った「一〇年後の誕生日に迎えに来る」との言葉が気になって仕方がありませんでした。

「まさかね、そんなこと現実的に絶対にありえないわ」

そう自分に言い聞かせていました。

それから、また秋が来て、冬が来て、春が来て…。

いよいよQさん七五歳の誕生日、終戦記念日の八月になってしまいました。一〇年間何も変わらず、毎日たくさんの人を診る毎日が続いていました。

そして終戦記念日の前日の夜に、Qさんは娘のR子さんに「もう十分やることは終えた、悔いはない」と言って早く寝たそうです。

とても不吉な予感がして、R子さんはその夜は眠れませんでした。次の日の朝、いつも早起きのお父さんが起きてきません。胸騒ぎがして、寝室に行って見ますと、お父さんが眠っていました。しかしよく見ると、呼吸をしていませんでした。

お父さんは、眠るようにして亡くなっていたのです。神様は、本当に一〇年後のお父さんの誕生日の終戦記念日に命を吸い取るようにして持っていってしまいました。

その表情は、すべての使命を終えて悟りきった仏様のような顔をしていました。そしてブラッド2号を抱いたまま亡くなっていました。よく考えますと、ブラッド2号もやって来てから一〇年経っていたせいか、とても弱った感じで白髪混じりのヨボヨボのおじいちゃん猫に見えました。

やっぱり、あの臨死体験の話は本当だったのだ…。お父さんは、神が授けた一〇年間という期間に、神力を使って、一人でも多くの人を助けることに専念して、使命を果たしたのだ。

悲しいというよりも、それからずっと休む間もなく働いて人を助け続けたお父さんに対して、すごい人だと畏敬の念でいっぱいになりました。

お父さんのお葬式に、ブラッド2号は立ち合って最期を見届けました。それから四九日が過ぎた頃、お父さんを見送って、ブラッド2号も眠るようにして亡くなってしまいました。その亡くなったときの表情は、やりきったというような充実した顔をしていました。

一〇年前にあの世の入り口で、お父さんはブラッドと再会し、またこの世で支えるために生まれ変わって来てくれたのでしょう。今度は、お父さんの方がブラッドをあの世で待っていて迎えに来たに違いないと、私はR子さんに言いました。すると、とてもホッとした表情に変わりました。

使命を終えたブラッドとお父さんは、今度こそ一緒に三途の河を渡って、あの世で仲良くしているのだ。そう思うと、悲しいけれどなんとなく救われたような気持ちになってくるそうなのです。私に涙を流しながら、そう語ってくれました。

車にはねられ腰の骨が折れていた子猫

友人のKさんの猫の恩返しのお話です。

私の友人のKさんは、小さい頃から動物が大好きで、捨てられている犬や猫を見ると、そのままに放っておくことができずに、必ず家に持ち帰ってしまいます。貰い手を捜しますが、引き取り手がない場合は、すべて自分で引き取って、責任をもって飼っていました。

Kさんの住んでいる実家は、山奥にあったことから、動物を飼える状況にあって、数匹の犬と猫を飼っていました。昔からの伝統の陶器を作る窯があります。

お父さんが亡くなってからは、お母さんと二人で、陶器を作って売ってそれで生計を立てていました。しかし、それだけでは暮していけないため、Kさんは山の麓のコンビニでアルバイトをしていました。

ある日の夕方、コンビニのアルバイトから帰る途中で、山道を通っていますと「助けて!!」という声が聞こえてきました。

それは実際の声というよりも、心の中で突き刺されるような悲鳴の感覚でした。何だかとても悪い予感がして、何が起こってもいいように車をゆっくりと走らせていました。

するとやはり、すぐにとんでもない光景を目にしてしまいます。道路で三匹の猫が車に跳ねられていたのです。Kさんは、すぐに車を止めて、その猫たちを救おうと、道路に走っていきました。まだ跳ねられたばかりのようでしたが、二匹は全く動かず、即死していました。でも一匹の三毛猫だけは瀕死の状態でしたが、生きていましたので、すぐに抱き上げて動物病院に連れていきました。

腰から下がまったく動かないので、レントゲンを撮ってもらいましたが、腰の骨が折れて、腎臓か膀胱が破裂しているかもしれないということでした。状態は極めて危険でしたが、その夜にすぐに手術をしてもらい、奇跡的に一命をとりとめたのです。

「この三毛猫ちゃんは、とても強運だね。こんなにひどい怪我をしても九死に一生を得て助かったのだから」

獣医さんは、Kさんにそう言いました。

といっても膀胱と腎臓がつぶれていて、おしっこは垂れ流し。腰の骨も折れて半身不随の状態でした。これでは、いつまで生きられるのかわからないけれど、精一杯可愛がって、生きていてよかったと思わせてやりたい。そう言い聞かせて、家に連れて帰りました。

朝になって、気になっていた、亡くなってしまっていた二匹のところに駆けつけました。

かわいそうな二匹をせめて弔ってやりたい。そう思って、山に埋めてやることにしました。車を止めて、山に入って行きますと、段ボール箱があって、キャットフードが入っていました。

この段ボールの中に入れられて猫たちは、山の中に捨てられてしまった。だから、こんなかわいそうなことになってしまったのだ。

Kさんは、身勝手なことをする人間が許せませんでした。涙を流しながら、亡骸を山中の大きな桜の木の下に埋めたそのとき
「ありがとう、ありがとう」と、心に直接声が聞こえてきました。かわいそうだったけど、仕方がない。生き残った三毛猫をその分、可愛がっていこうと、心に誓いました。

家に帰ってみますと、三毛猫は麻酔から覚めて、Kさんに向かって「ニャ

〜」と鳴きました。それはまるで、「助けてくれてありがとう」と言っているように聞こえました。

抱きかかえると、やはり腰から下はブラブラでしたが、前足はしっかりして力強く、Kさんによじ登ってきました。

桜の木の下に埋めた、亡くなった二匹の分も長生きしてほしいと思い、この三毛猫を〝サクラ〟と名付けました。それから、三日後に動物病院に連れていきましたら、傷は順調に良くなってきているということで、とりあえずホッとしました。そして、診察が終わってから、獣医さんはこんなことを言いました。

「三毛猫なのにオスだよ。とても珍しいね。三毛猫のオスは昔から珍重されて幸運を呼ぶといわれているんだ。きっとあなたに幸運をもたらしてくれるよ」

「ええっ！　オスですか！」Kさんはびっくりしました。三毛猫だからメスと思い込んで、サクラと名付けたのにどうしよう。でもやっぱり、名前はサクラで通すことにしました。

それから、サクラとの生活が始まりました。おしっこは垂れ流しなので、いつもオムツをしていました。腰から下が麻痺したように動かないため、後ろ足を引きずって歩きます。

でも、前足は力強く、この二本で身体を支えて、腰から下を引きずって動くのでした。そんな、ハンデキャップを背負っていても、前向きに生きるサクラが、Kさんにとって、とても励みになりました。サクラの前足は、身体を支えていたので鍛えられて筋肉質になり、まるでアスリートのようにたくましくなってきました。

オスの三毛猫サクラの幸運を呼ぶ招き猫

それから半年過ぎ、子猫だったサクラも一歳くらいの成猫になりました。サクラは、やはりオスでしたが、なんともいえないつぶらな瞳をしており、とても器量良しでした。サクラ専用の磁気の入った敷マットの中にいつもいて、そこで人を招くような面白い仕草をよくするのです。

「サクラちゃんは招き猫みたいね」

とお母さんが何気なくそう言った瞬間、Kさんは上からビビッとひらめくものがありました。

「そうだ！　サクラの招き猫を作ってみよう」

それからすぐ、Kさんは、三毛猫サクラの招き猫の製作に取りかかりました。

何だかわからないけれど、上からひらめくものが伝わって来て、手が勝手に動くのです。

そして、みるみるうちに招き猫は出来上がりました。三毛猫サクラの招き猫には、運気が上がるよう開運の桜吹雪の模様を入れてみました。

出来上がった招き猫をよく見ますと、眼が生き生きとして、生きているような感じがします。この招き猫には魂が宿っているのだと、Kさんは思いました。かわいそうな亡くなり方をしたサクラの兄弟たちの無念さが伝わってきました。

最初に出来上がったサクラの招き猫は一〇〇体でした。窯元の自宅に置き、いつもお茶碗などの陶器を置かせてもらうお店にも、この招き猫を頼んで置い

てもらいました。

それから、信じられないことが起こります。陶器は最近、あまり売れなかったのですが、サクラの招き猫はお店に置いたらすぐ売れるといって、すぐに再注文の連絡がありました。

初回の一〇〇体はすぐに完売したので、すぐにまた追加を作ることにしました。

サクラの招き猫は、不思議なパワーがあり幸運を招くという噂が口コミで広がって、作っては売れ、また作るということで、どんどん売れていきました。これまで陶器は、ほとんど収入源にならなかったのに、招き猫のお陰で家計が潤ってきたのです。それから三年の間、招き猫はずっと売れ続けました。

三毛猫サクラの恩返しというわけです。オスの三毛猫は幸運を呼ぶ、という言い伝えは本当なのだと、Kさんは実感していました。

「これからは自分の人生を生きていって。見守っているから」

そんな楽しい日々が続いている中、あるとても寒い冬の雪の日、サクラの体調が悪くなってきたことに気づきます。急にまったく動かなくなったので、獣医さんに急いで連れていきました。

寒いから膀胱炎になったからか、おしっこが出ないようなので、いろいろ処置をしてもらいました。管をさしておしっこが出るようにしましたが、出てくるのは真っ赤な血尿です。もともと事故で膀胱がかなりダメージを受けていたために、ちょっとしたことでも何が起こるかわからない状態になるのだそうです。

一応、応急処置の治療をして、サクラを家に連れて帰りましたが、寝たきりのままで、まったく起きようとしませんでした。

「サクラちゃん、お願いだから生きていてよ」

Kさんは、サクラを抱きしめて話しかけました。

するとサクラも、Kさんの腕を思いっ切り握りしめて、つぶらな瞳でジッと見つめました。その瞬間、スッと命を取られるように、そのまま腕の中で亡くなってしまったのです。

あまりにも急な展開に気が動転して、サクラの亡骸を獣医さんのところに連れていきました。獣医さんは、亡くなったサクラを見て、

「最初の事故であんなひどい大怪我をして、すぐ死んでもおかしくなかったのに、よく三年も生きたよ。サクラちゃんは本当に頑張った」と言ってくれました。

三年前のあの事故に遭遇しなければ、サクラと出会うこともなかった。招き猫を見ながら、サクラとの数奇な出会いと、それからともに頑張って力を合わせて生きてきた三年間を振り返っていました。

しかし、サクラの突然の急死に、何だか気力もなくなって、途方に暮れていました。

そのときKさんの部屋に置いてある、サクラの招き猫の眼が、キラッと光りました。

そして、招き猫から不思議なメッセージがやってきました。

「今まで、可愛がってくれてありがとう。自分は天寿を全うしたから悔いはない。ずっと見守っているから、これからは自分の人生を生きていって」と。

Kさんは、サクラの優しさに大声を挙げて泣きました。

それからもサクラの招き猫の注文はありましたが、思い出すと悲しくなるので、もう作るのをやめてしまいました。陶芸の仕事自体をやめてしまったのです。

心機一転、山の麓にある会社に就職して、事務の仕事をすることにしました。この職場は環境もよく充実した日々を過ごしていました。

その後すぐ、会社に出入りしていた男性とひょんなことから意気投合し、なんとすぐに結婚することになりました。

今では、三人の子どもの母として、子育てに追われる毎日です。サクラの亡くなってからのメッセージ「これからは自分の人生を生きていって」というのは、こういう意味だったのだと振り返ってみてわかったそうです。

やっぱり、オスの三毛猫のサクラは幸運を呼ぶ猫なのだと思い、心より感謝しています。

今でも目を閉じると、腰の悪いサクラが、前足をつかって、自分のところに向かって走ってくる姿が見えるそうです。

その一生懸命で真っ直ぐなサクラの生き方を思い出すだけで、胸がいっぱいになって涙が溢れてとまりません。

サクラちゃんは亡くなっても、Kさんのことを、あの世からずっと見守っていてくれているのです。

海岸の絶壁で置きざりにされていたシャム猫

知人のSさんの悲しいけれど感動的なお話です。

Sさんは、小さい頃から喘息の持病があって、発作が起きるとすぐ病院へ運ばれ、入退院を繰り返していました。とても身体が弱かったため、友達と外で遊ぶということはほとんどありませんでした。

Sさんは、子供の頃から、ピアノを習っていました。ピアノを弾くのは大好きでした。しかし、発作が出て調子が悪い時が多く、なかなか練習ができないことが悩みでした。Sさんは猫が大好きでしたが、喘息によくないと言われて、ずっと飼うのを我慢していました。

そんなある日、Sさんが小学校三年生の時、運命の出会いが起こります。学校から帰りに、なんとなく海を見て帰ろうと多い、遠回りして寄り道することにしました。すると、「ミャアミャア」と猫の声が聞こえてきました。

猫の鳴き声に引き寄せられるように、海岸の絶壁付近まで行ってみると、段ボールに捨てられた猫が一匹、怯えて鳴いていました。走って、猫の入っている段ボールのところに行くと、その猫はSさんに助けを乞うように飛びついてきました。

猫を抱き上げると、下に手紙が入っており、「どうかよろしくお願いいたします」と書いてありました。何だかそのメッセージを見て、とても不吉な感じがしました。

このまま置いておくわけにもいきませんので、とりあえずこの猫を抱いて、家に連れて帰ることにしたのです。この猫は、シャム猫でまだ一歳くらいの幼い感じで、とても人懐こくて、おとなしくSさんに抱かれていました。家にシャム猫を連れて帰りますと、お母さんに、元のところに返しなさいと怒られました。でもそのいきさつを話しましたら、だれか貰い手が決まるまで、家に置いてもいいことになりました。

しかしそれからすぐ、飼い主らしき人が海岸の絶壁から投身自殺をしていたことが、判明したのです。可愛がっていた猫を、一緒に死のうと海まで連れてきたものの、かわいそうで道連れにはできなかったのでしょう。

あの日、ふと遠回りして海に行こうと思わなければ、このシャム猫と出会うことはなかった。とても数奇な縁を感じ、お母さんにどうしても飼いたいと頼むと、何と飼っていいことになったのです。シャム猫に〝ミーシャ〟と名付けて、一緒に暮らすことになりました。

ミーシャは、とても温厚で、よく毛を舐めてきれい好き、しかも賢い猫でした。ピアノの音が好きなようで、ピアノを弾くと、走ってやってきました。そしてピアノのすぐ横の窓枠のところが、ミーシャの定位置となりました。

ミーシャは、ピアノの音によく反応しました。前足を足踏みするようにしてチャッチャッとリズムを取るような仕草をしたり、自分の好きな軽快な曲の時には、小刻みに口を動かして、「ミャミャミャ〜」と歌を歌うようにして口ずさむのです。

Sさんは、ミーシャが来てから、一緒のピアノのレッスンが楽しくなってきました。それからは時間を忘れるくらいミーシャとピアノのレッスンに励むようになりました。

相棒のミーシャがいれば、とても楽しく、喘息の発作もほとんど起こることもなく落ち着いて、充実した日々を送っていました。毎日、ミーシャと楽しくピアノのレッスンを励んでいました。

Sさんのご両親は事業をしており、ミーシャがやって来てから、不思議と経営状態が良くなってきました。Sさんの体調も良くなって、以前とは全く違った前向きな性格になってきたのです。

「ミーシャが我が家にやって来てから、幸運が次々と訪れる。ミーシャは幸運を呼ぶラッキーキャットなんだ」とSさんは、ミーシャと出会えたことで、びっくりするくらい自分が変化してきたことを心から喜びました。

それから三年がたち、Sさんは中学生となりました。ミーシャと一緒に楽しくレッスンをし続けていますと、ピアノの技術は、格段に上がってきました。次々とコンクールに出場し、優勝することもありました。そのご褒美として、両親にグランドピアノを買ってもらいました。グランドピアノは、とっても気に入って、さらにミーシャとレッスンに打ち込む日々が続くのです。

高校生になると、さらにピアノの技術は上達して、コンクールではほとんど優勝していきます。大学の進路も、地元の音大に推薦でいくことに決まりました。

ミーシャと出会ってからちょうど一〇年経っていました。振り返ってみますと、ミーシャと一緒に頑張ってきたから、ここまで来られたのだということを実感していました。

命を絶とうとしたお父さんを止めようとして

しかしそれから、状況は一転してしまいます。大学に入ったものの、世の中の不況のせいもあって、両親の事業がだんだんうまくいかなくなりました。Sさんが大学二年の時、とうとう会社は倒産し、自己破産してしまったのです。家は抵当にとられて無くなりました。大好きなグランドピアノも無くなってしまいました。でも大学はどうにか、奨学金で行くことができたので、これだけが救いでした。

会社の倒産によって、周りの人たちがほとんど手のひらを返すように、去っていってしまいます。これまで何不自由ないお嬢様育ちのSさんにとっては、落ちぶれてしまった時の他人の豹変ぶりがとてもショックでした。

しかし、この出来事をきっかけに、こんな人たちしか、周りにいなかったことがわかって、むしろ人を見る目ができて良かったと思えるようになってきました。

ずっとミーシャと一緒に力を合わせてきたのだから、ミーシャがいればそれだけで生きていける。そう心に言い聞かせて、また頑張っていこうと思っていました。しかし、ミーシャもかなり年をとっています。最初に出会ってから、すでに一三年が過ぎていたのですから。

それからある日のこと、Sさんのお父さんが、車に乗ってどこかに行こうとしたら、ミーシャがものすごい勢いで外に飛び出てきました。そしてなんと、お父さんは急に飛び出してきたミーシャを避けることができず、車で跳ね飛ばしてしまったのです。その様子を一部始終見ていたSさんは、慌てて飛び出してすぐに走って駆けつけました。

「ミーシャ!!」

Sさんは叫びましたが、ミーシャは口から血を流して、命がなくなるのはもう時間の問題でした。そして、焦点の合わないうつろな眼でSさんをジッと見つめて、口をかすかに動かして「可愛がってくれてありがとう」と言って、そのまま腕の中でスッと亡くなってしまったのです。

ほとんど外に出ることのなかったミーシャが、こんな自殺行為をするなんて絶対に信じられない。ショックのあまり、突然に亡くなってしまったミーシャを抱いたまま、呆然と立ちすくんでいました。

すると、お父さんが泣きながら、「ミーシャ！　ごめんよ」と言って車から降りてきました。車の中には、遺書がありました。お父さんは、倒産の責任を負って、海岸の絶壁で死のうと思っていたのです。一三年前、ミーシャと出会ったあの絶壁で。

ミーシャは、命を絶とうとするお父さんを止めようと、自らの命と引き換えに体当たりで引き留めて助けたのではないか。一三年前にミーシャは、投身自殺した飼い主を助けることができなかった。もしかすると、今度は代わりに、ミーシャは死のうとするお父さんを助けたのかもしれない。そんなことがSさんの頭の中をよぎりました。

ミーシャがいたからここまでこられた

それにしてもあまりにもショックが大きくて立ち直ることができず、ピアノも全く弾くのをやめてしまいました。ミーシャが亡くなってから一カ月くらいが経った日の夜、ピアノが置いてある部屋から、何か物音がしています。そこに行ってみますと、ミーシャのいつもいた窓際のガラスのところが、ガタガタ音がしてきました。

そこに猫がいる気配を感じ、ミーシャがよくやっていた前足を足踏みするようなチャッチャッという音も聞こえてきました。

ミーシャは亡くなってしまっても、いつも一緒にいたこの場所で見守っていてくれているんだ。そう気づいたA子さんはなんとなく元気になってきて、もう一度、ピアノを頑張ってみようと思いました。

お父さんは、自宅療養をしてから、ようやく自分を取り戻してきました。そして、もう一度新しい別の事業を一から始めることにしました。身代りに亡くなってしまったミーシャのために、お父さんは人生をやり直す決意ができました。大変ですが、新しい事業は地道に徐々に軌道に乗ってきました。

Sさんは、音大を卒業して、ピアノの先生となり、大学の非常勤講師としても活躍されています。今でも、ピアノを弾いていますと、ミーシャの気配がする時があって、窓際から音がしたり、鳴き声が聞こえてくることがあるそうです。

そんな時、Sさんはミーシャに「ありがとう」と語りかけます。ミーシャがいたからここまでこられた。ミーシャとの出会いは必然だったのだ。目には見えないけれど、ミーシャの魂はこれからも一緒にいて応援してくれる。そう思うだけで、なんだか不思議と元気が出て、何が起こっても乗り越えられる気がするそうです。

第六章

動物が教えてくれた真の幸福

昔話に登場する動物たち

この地球上の動物たちと人間との関わりは、太古の昔から切っても切れないもので、私たちはずっと助け合って共存してきました。

そのことは、絵や書物などのさまざまな記録からも明らかです。日本ではもちろん世界でも、語り継がれる物語の中にはたくさんの動物たちが登場してきました。私たちはそんな昔話を聞きながら、動物たちとのさまざまな関わりを通じて、人生を豊かにしてきたのです。

小さい頃から私は昔話が大好きで、本はもちろん、テレビの『日本昔話』や『世界昔話』をよく見ていました。昔話のストーリーの中には、人生における大事なエッセンスがぎっしり詰まっています。

昔話を通して、命の大切さや、優しい気持ちを持つこと、徳を施すことの大切さ、幸せの意味など、子供なりに考えさせられて、自然に大きな人生勉強に

なっていきました。

そして、そんな昔話には、決まって個性豊かな動物たちが存在していたのです。

昔話の中に登場してくる動物の話では、人間の味方になってくれたり、恩返しをするなどという、忠義の話が多く見受けられます。忠義の話は、犬を主人公にした場合の忠犬物語が圧倒的に多いのですが、基本的に、動物は人に忠義を尽くす存在として、数々の昔話に登場してきました。

大好きな桃太郎の話をたとえにとりますと、桃太郎は、人命救済のために鬼が島へ向かう際、道中で出会う犬、猿、キジといった動物を家来としますが、忠実な彼らは桃太郎と一緒に戦って見事に悪い鬼を成敗します。

このような数々の忠義物語は、動物のまっすぐな性質に基づくものでしょう。動物は、飼い主に忠実であり、裏切ることは決してありません。それどころか、自分の最大限の力で飼い主を守り、命までも投げ出すという恩返しの話もたくさんあります。

純粋な心を持った動物のまっすぐな生き方は、いつの世でも人の心を奮い立たせる強いものだと確信しています。

「幸福な王子」が描き出す幸せの光と影

家の近くにツバメの巣があり、毎年、初夏の頃にツバメがやってきますと、私はいつも『幸福な王子』の切ない話を思い出すのです。

オスカー・ワイルド作の『幸福な王子』（The Happy Prince）は、皮肉な運命の中に哀しさと美しさがあふれる物語で、ツバメと王子のやりとりを通して、幸福とは私たちに何を与えてくれるものなのかを描いています。

小さい頃から『幸福な王子』を何度も読み返しては、感動で涙を流していました。何度読んでも心に響くような感動のストーリーというのは、なかなか他にはありません。

物悲しいけれど、なぜか温かい気持ちになれる話なのです。この物語に出会えたことで、幸福について深く考えさせられました。温かな心を持ち続けるこ

と、感謝の気持ちや思いやりを持つということが、幸福な人生を生きるためには欠かせないのだと、この本で知ったようなものでした。

『幸福な王子』は、街の広場にそびえ立つ気高い王子の像が、ツバメの力を借りて、さまざまな苦労や悲しみの中にある人々のために、自己犠牲と博愛の心で、自分の体を飾る金箔や宝石を分け与えていくという物語です。

その場を動くことのできない王子は、美しく高価な装飾品を小さなツバメに託して、貧しい人たちに贈ります。ツバメは王子の心に従ってせっせと運び続け、忠実に役目を果たしますが、やがて冬が訪れ、暖かい南国へ渡り損ねたために弱ってしまいます。

最後は、金箔がはがれてみすぼらしい姿になった王子と、寒さに凍えて死んでしまったツバメが残りました。全てを差し出しても周りの幸せを願う王子でしたが、大事な友のツバメを自分のために死なせてしまったという悲しみを知ったその瞬間、王子の鉛の心臓に、音を立てて亀裂が入ります。やがて、壊れた王子の像は、無残にも焼却処分されてしまいました。

天国から下界の様子を見ていた神様は、天使に向かって「この街で最も尊いものを二つ持ってきなさい」と命じます。そこで天使は、ゴミ溜めに捨てられた王子の鉛の心臓と死んだツバメを持ってきました。

神様は天使をほめ、最後に、彼らの善行が認められて、王子とツバメは天国の楽園で永遠に幸福になったのです。


生前は〝幸福な王子〟と呼ばれ何不自由なく生きた王子が、亡くなった後、見晴らしの良い広場に金箔の王子像として置かれた時に、そこから町の悲惨な人々の状況を垣間見る、というこのストーリーは、物質的に恵まれた王子と貧しい町の人々との対照的な生活を通して、真の幸福とは何かを問うものです。

地位と名誉があって財宝に囲まれる快楽が幸福だというならば、王子は幸福に満ちあふれて生き、幸福に死んだといえるでしょう。

しかし王子は亡くなってから、この高い場所に像として立つことで初めて、町の人々の悲惨な状況を目のあたりにして、自分の生きてきた何不自由ない人生との大きな落差に、真の幸福とは何かを悟るのです。

自分さえ幸せならばそれでいいという自己中心的な考えの中には、幸福という概念のかけらも含まれることはないでしょう。物質的な豊かさだけが決して幸せなのではなく、心の豊かさの中にこそ幸福があると気付かされた王子は、人々の幸せのために自らを差し出そうと決意することになるのです。

こうした対比の表現が、人生は陰と陽のバランスで成り立つという「正負の法則」のエッセンスとして、この物語の随所にたくさんちりばめられています。

例えば、街に住む名もなく貧しい人々の「陰」の状況の中に、王子とツバメが与える温かい「陽」の慈悲の心。あるいは、金箔を失ったみすぼらしい姿の王子と力尽きたツバメの「陰」に対して、天が与えた永遠の幸福という「陽」。その、陰と陽のコントラストによって浮かび上がる幸福の姿が、見事に描かれています。

この物語の中で、私は特に擬人化したツバメが大好きでした。ツバメはこの物語の中で、人の心を持っているように描かれています。最初は自分のことばかり考えていたのに、悲しい現実を意識して見ることによって、その価値観が全く変わっていくのです。

王子は、不幸な人々に自分の体にある宝石をはがして渡して欲しいとツバメに頼みます。ツバメは街を飛び回り、金持ちが美しい家で贅沢に暮らす一方で、乞食がその家の門の前に座っているのを見ました。両目に輝いていた宝石をなくして目の見えなくなった王子に、ツバメは色々な話を聞かせます。

王子はツバメの話を聞き、まだたくさんの不幸な人々に自分の体の金箔を剥がして分け与えて欲しいと頼みます。

ツバメは、最初は少し反発しながらも、悲しい状況を目のあたりにして、幸福な王子の使者として、少しでも困っている人々を救うために、命を捧げてまでも力を尽くしたのです。

では、なぜ私がこんなに『幸福な王子』を読んで心をふるわせてきたのでしょうか。

それは、自分自身が小さい頃から病弱で、入退院を繰り返していたことが大きな理由だと思っています。病弱な私は、人からいつも理不尽な心ないセリフを投げかけられていたのです。「かわいそうに。生まれつき体が弱いなんて、

不幸ね」と。

「不幸だ」と他人に言われながら、「自分は本当に不幸なのだろうか」と思っていました。病気と闘いながら、この童話を読んでは、幼な心に「幸福と不幸」についていつも考えていました。「何が幸福で、何が不幸なのか」と、頭の中でよく自問自答をするような子供時代だったのです。

病気をしても心が元気なら幸福

『幸福な王子』の中のツバメは、例えば私にとっての猫でした。

これまでにご縁があった猫は、病床にいる私に向かっていつも慰めて明るくなるように優しく語りかけてくれていました。

ある日、動物と会話ができるきっかけにもなった猫、心の友アゴちゃんは、私に向かって不思議なことを言ったのです。

「おまえさんは、不幸じゃないんだ、幸せなんだよ」と。

「どうしてそう思うの?」と聞いたら、「おまえさんは、心が元気なのさ。おれにはわかる。心は陽で病気じゃない。だから病気もきっと良くなる。心まで病気になったらおしまいさ」さらにアゴちゃんは、自信を持ってこうも言いました。

「心が前向きで明るいから、幸せなのさ」

闘病している当時は辛いことの方が多く、アゴちゃんの言っている意味がよくわかりませんでした。でも、今ははっきりとわかります。

幸福とは、自分の心が決めることであって、他人が見て決めることではないからです。幸福とは他の誰でもない、自分自身にしかわからない概念だからです。

交通事故で顔に怪我をして、鳴くこともできずに苦労を重ねたアゴちゃんは、野良猫時代の辛い経験を通して、猫なりに幸せというものをはっきりと認識したのでしょう。

人を思いやる優しい心を持ったアゴちゃんと、一緒におしゃべりするひとときが、当時の私にとってはささやかな楽しみでもあり、お互いにとても幸せな時間でした。

病気は嫌ですが、辛い闘病を小さい頃からずっと経験してきたおかげで、普通の生活ができるというだけでも感謝すべきことだと思えますし、事実とても幸せに感じています。

そう考えると、どん底を味わってきた自分は、何が大事なことかがよくわかって、ある意味とても幸せなんだ、とつくづく思うのです。アゴちゃんが言いたかったことも、きっとそういう心の中にある幸せのことを指していたのだと、今は実感しています。

人生は〝陰と陽〟のバランスで「正負の法則」が成り立っています。

不幸という負を経験したからこそ、幸福という正がくっきり浮かび上がってきて、幸せを実感することができるのだろうと思うのです。

そして、人生は決して悪いことばかりじゃない。悪いことが続いても、心がけ次第でいつか必ず良いことが起こるようにできているのです。

『幸福な王子』は、そんな大事なことを思い出させてくれて、いつも前向きな気持ちにさせてくれるとても素晴らしい童話です。

チルチル・ミチルがみつけた幸せの「青い鳥」の正体

幸せ、幸福とは一体何なのでしょうか。

幸福は、目に見えない抽象的な概念ですから、その捉え方は人によってさまざまです。幸福の対象は、人や物であったり夢や目標であったり、気持ちや状況なども含めると、何に幸福を感じるかは本当に人それぞれなのです。

幸福であるかどうかの基準は、自分の幸福の度合いで決まるものなので、自分の中で幸福感を得ることができれば、すべて幸福と呼べます。

幸福の感じ方は、価値観が違うように誰もが同じではない。つまり、他人が決めるものではなく、自分自身で決めるものと言えるのではないでしょうか。

メーテルリンクの童話『青い鳥』で、幸せの象徴である〝青い鳥〟を探し続けたチルチルとミチルは、冒険の末に帰り着いた自分の家の鳥かごの中でその鳥を見つけます。

結局のところ、本当の幸せは、自分の中にいつもあったのだということに気

付かせてくれるお話です。つまり、幸せの青い鳥に象徴される幸福は、他人に求めるものではなく自分の内にすでにある、という見落としがちな真実を、改めて考えさせる物語だと言えるでしょう。

幸福というのは、あちこち歩いて捜し求めるものではなく、ましてや他人に求めるものでもなく、自分の内にすでにあるものなのです。なぜなら、本当の幸せとは、自分の外側ではなくて、心の内側で生まれ、自分の心の中でだけ育っていくからです。

幸福な状態というのは、自分自身の幸せな精神状態であり、幸せな精神状態とは心が満たされた状態を表します。そうなると、幸福感に一番近いのは充実感でしょうか。充実感の内容は人それぞれですが、毎日のささやかな充実感を積み重ねていけたら、それだけで幸せなことなのかもしれません。

幸福は、いつも心の中にある

また、どんな形であれ、幸福感を得るために努力する過程で、人は心の充実感を感じるものです。目標を持って全力で何かに打ち込む時、きっと心は充実していて、幸せな状況であると言えるのではないでしょうか。

何か打ち込めるものがある、つまり自分の中で幸福の対象がはっきりしていること自体が、すでに幸せであり、それに向かって一心不乱に突き進んでいくプロセスが、もっと幸せな状態にあるのではないかと私は思います。

努力している中で充実感を楽しむことができれば、自分が心から打ち込めることをしているだけで、十分な幸せを感じることができるものなのです。そして、その努力が実って、願望を達成したその瞬間は、充実感が最高に達して、まさに幸福の絶頂が訪れると思うのです。

『青い鳥』の物語の中では、旅の途中で、幸せの象徴である青い鳥をやっと捕まえたと思ったら、手にした瞬間に消えていなくなってしまう、というシーンがあります。これは、幸福の性質を鳥の姿にたとえているのでしょう。つまり、幸福とは永遠ではなく、いつも自分の中にあるけれど、その実感は一時的な、もしくはほんの一瞬にしか存在しないものだということを表しているのではないでしょうか。

幸福とは、あくまでも自分自身の心の持ち方の問題であり、だからこそ幸福は、いつも人の心の中にあるのです。人生において本当の豊かさや幸せをもたらす幸福、最も大切な真の幸福の源泉は、心の中にのみ存在する、といっても過言ではないでしょう。

誰の心の中にも、「青い鳥」は存在する。人は、心のあり方次第でいつでも幸せになれるのだと思います。

大切なものは心の目で見ないと見えない

サン・テグジュペリ作『星の王子さま』の中で、別れ際にキツネが王子さまに向かってWhat is essential is invisible to the eye.（本当に大切なものは、目には見えない）という台詞があります。

「大切なものは目に見えない。肝心なことは、心の目で見ないと見えないんだよ」

この言葉を初めて知った時、とてつもない感動を覚えるとともに強い衝撃を受けました。それは、自分の能力とその心の在り方、そしてそれからの生き方に対する明確な答えだったからです。

「本当に大切なものは目に見えない」つまり、本当に信じられる大切なものというのは、人間が目で見たり手で触ったりできるものではなく、人の心の中にのみ存在するということでしょう。

実際に、最も肝心で大切なものほど目には見えない形をとることがほとんどです。

目には見えなくても確かに存在していて、目に見えるものより崇高で大きく偉大な力を持っています。人の気持ちは心の中にあって見ることはできませんが、誰にも実感できるものでしょう。見えないものはないものではなく、見えていなくても確かに存在するものなのです。

「目に見えないもの」には、人生に必要な多くの概念が含まれます。

例えば、時間、信頼、友情、愛情、健康、命、人徳、尊敬、勇気、努力、才能など。

これらは目に見える物質的なものではなく、すべて心の中に存在する抽象的

なものです。本当に大切なことは目に見えず、心の中にしかないのだとすれば、最も大切なのは、「心のあり方」だということが、これを見てもおわかりいただけると思います。

「大切なものは目に見えない」という言葉は、神様についても言えるでしょう。

聖書に「神は愛なり」という言葉がありますが、神も愛もそれなしでは生きていくことのできないほど大切なものであるのに、私たち人間の目には見えません。そして、命の根本である魂も目には全く見えないものです。それはやはり、人間にとって本当に大切なものは全て心の中にあって、見えないようにできているからかもしれません。

では、なぜ神様は最も大切なものを目には見せてくれないのでしょうか？

それは、本当に大切なものは、心の目でしか見ることができないということを知り、その上で自身の魂を磨き、精神的なレベルを上げていく過程こそが重要だと、お考えになったからではないかと思います。

人は、困難や逆境などを経験してこそ成長します。その経験を通して、心の目を養うことで魂は磨かれ、神様からもたらされるたくさんの幸運を受け取る能力も高まります。

このように魂が成長して「本当に大切なもの」を見極める心眼力を自然に身につけることができるようになった時に、人生はより良く素晴らしいものになっていくことでしょう。

心の中に愛があれば「幸福」になれる

深い苦しみを乗り越えた人は、どんなに小さな幸せにも感謝の気持ちが生じて、幸福感を覚えることができますが、当たり前のことであっても、いつも感謝する気持ちを身につけることによって人はいつでも幸せになれると思います。

すでに得ることができた幸福をありがたいと喜び、感謝の気持ちを持ち続ける人は、神様からもたらされる幸運をたくさん受け取り、しかも持続することによって、さらに幸運を掴んでいくのだと思います。

もう一つ、目には見えない「愛」の存在も、本当の幸福を得るために大切なものだと思います。愛も目に見えないものですが、さまざまな形で愛を表現する方法はあります。

自分がどうしようもない逆境に見舞われた時に助けてくれたこと、大きな悩みがあった時に勇気づけてくれた優しい言葉、家族とどんな時も協力して助け合って乗り越えてきたこと、ペットに癒されてともに楽しく過ごした思い出など、幸福感を得られた場面には、根底にすべて愛が必ず介在しています。

自分の中に「愛」をたくさん持つ人は、心の豊かな人であり、感謝の気持ちや思いやりをいつも持ち続ける人だといえるでしょう。

結局、幸せとは愛がなくては存在することができないのです。つまり、目には見えない愛の存在が本当の幸せをもたらしてくれるのです。そして、目には見えないけれど、本当に大切な愛をたくさん持ち続けている心豊かな人に、神様はいつも幸福をもたらしてくださるのでしょう。

それほど深遠な真実を、『星の王子さま』ではなくキツネが知っていたというのは、動物の直感的な叡智のすばらしさを伝えたかったのかもしれません。

あとがき

動物たちと心で会話できる自分の能力を通して、身近な動物たちの思いを代弁するような気持ちで、様々なエピソードを綴ってまいりました。

心と心で会話するというのは、魂と魂が「想念」を言葉として語り合うことです。

私自身は、想念伝達によって動物の気持ちをお伝えする通訳のような媒介者に過ぎません。しかし、自分の能力で、動物達と人間との橋渡し的な役割ができて、何か少しでもお役に立てることができたらと思っています。

本文でも折々に書いてまいりましたが、私の人生の前半は思うように社会に出ることが出来ず、俗世間から外れて生きているような感じでした。しかし、このような野生動物や犬や猫に囲まれた田舎暮らしのおかげで、動物たちと協力し合って、互いに信頼し助け合うことが出来るような、その意味ではとても恵まれた環境にあったと思います。また、そんな環境にあったからこそ、動物たちの想念が伝わって気持ちが分かるという能力が、自然と身についたことを自覚しています。

この本で一番伝えたかったことは、人とペットとは支えあって生きていて、たとえ亡くなってしまっても、可愛がってくれた大好きな飼い主のことを決して忘れることはない、ということに尽きます。

愛は永遠であり、心の絆は決して消えることはありません。亡くなって眼に見えなくなっても、可愛がったペットたちは傍で温かく見守ってくれているのです。

この本を通して、動物たちの〝恩返し〟は実際に存在するということを、たくさんの具体例でもお分かりいただけるものと信じています。

社会の中で最も弱い立場である動物達が、自分の命をかけても飼い主への忠誠を貫く、正直でまっすぐな姿勢は、どんな人の心も奮い立たせて揺さぶるものがあります。つたない文章ではありますが、動物たちと人間との魂の触れ合いについて、この本を通して少しでもご理解頂ければ本望です。

愚かな驕りを持った人間の心理として、いじめは弱い方へ弱い方へとその矛先を向け、攻撃されていくものです。そうすると、最も弱い立場にある動物たちは、隅に追いやられてしまって、どうやって生きていけばいいのでしょうか。

人間の身勝手な行動に、亡くなっていった無念の動物たちの悲しい想念が来ることがあります。「せっかくこの世に生を受けて生まれてきたのに、普通に幸せに生きたかった」と。

動物たちは言葉を話すことができません。身勝手な人の手によって命を奪われ、何も文句も言えず、無言で運命を受け止めるしかないのです。人間に裏切られた動物達は、人を恨むこともなく、その魂は物言わず静かにあの世に戻ります。

当たり前のことですが、人間をはじめすべての動物たちには〝心〟があって〝魂〟を持ちあわせています。我々人間と同じく〝心〟を持っている動物たちにも感情がもちろんあって、喜怒哀楽があることを決して忘れてはいけません。彼らも、みんな幸せになりたいと生まれてきて、幸せになることを心から望んで生きているのです。

このような、動物たちに対する無分別な無慈悲の行動は必ず人間に返ってきます。地球は決して人間だけのものではありません。すべての生命は連続しているのであって、動物たちにとって生きにくくなるという環境は、人間にとっても同様に住みにくくなる環境であるのは必然的に起こってくることです。人間も動物も、同じ地球上に生きている生物なのですから、動物たちの生態の住みやすさは我々人間の写し鏡のようなものであるといえるでしょう。

人間中心の立場ではなく、植物や動物、生きているものすべての生物を含む環境を考慮した立場をとることが、現在とても大事なことなのではないでしょうか。

慈悲深い思いやりの心をもった豊かな環境で、動物と共存して暮らしていけるということは、動物はもちろん人間にとっても、真の意味で本当に幸せなことだと言っても過言ではないでしょう。

また、動物に対して配慮のある人は、心豊かな優しい人であり、強い人であると、私は思っています。真の意味で強くないと本当に優しくはなれません。反対に、本当に優しい人というのは、この上なく強い人であると言い切れます。

そして、眼には見えないけれども、小さい命を労って魂を慈しむという、優しく強い心を持った人々のみが、真の意味での幸せに導いていけるのだと確信しています。

これから、そんな勇気ある強い心を持ち合わせた人々が一人でも多く、社会において弱い立場にある動物たちを、幸せへと導いてほしいと心より願っております。

優李阿《ゆりあ》

涙がとまらない
猫たちの恩返し

著　者　ゆりあ
発行者　真船美保子
発行所　KKロングセラーズ
東京都新宿区高田馬場2-1-2　〒169-0075
電話（03）3204-5161（代）　振替00120-7-145737
http://www.kklong.co.jp
印　刷　太陽印刷工業（株）
製　本　（株）難波製本
落丁・乱丁はお取り替えいたします。
ISBN978-4-8454-2291-3 C0070
Printed in Japan 2013